JN151520

知識ゼロからの

生成AIを活用した

不労所得マシンの作り方

北村拓也 著

秀和システム

はじめに

「仕事が忙しく、限られた時間の中で不労所得を得る副業に挑戦したい」
「AIやデザインの専門知識がないが、副業として収入を得たい」
「生成AIの可能性は感じているが、具体的にどう使えば利益を得られるのかわからない」

このような悩みを抱えていませんか？

私もかつては同じ悩みを抱えていました。借金を抱えながらフルタイムの仕事をこなし、さらに早朝に新聞配達をしていました。時間がなく、どうやったらこの状況から抜け出せるのかを必死に模索していたのです。その時に着目したのが、本書で紹介する「不労所得マシン」の生成方法でした。不労所得マシンとはデジタル上の自動販売機のようなもので、継続的に収入を生み出してくれるコンテンツです。

ここでのコンテンツとは、ブログやLINEスタンプ、電子書籍、動画教材、アプリなどのデジタルな作品を指します。作品と聞くと、スキルのない自分にもできるのか、自分が作るコンテンツに価値があるのか不安になるかもしれません。

例えばあなたが自転車に初めて乗るとき、自転車乗りのプロに教えてもらいたいでしょうか？　それよりも昨日初めて自転車に乗れた人からコツを聞きたくないですか？　コンテンツの本質はキャラクター×情報で、誰が何を発信するかです。

「人はだれでも、一生に一度は本を書ける」といいます。必ずあなたが作るからこそ共感されて、誰かの人生を少しでも手助けできる価値あるコンテンツを生成できます。そして、デザイン知識や専門スキルがない人でも、生成 AI によってコンテンツを爆速で生成できる時代が到来しました。

実際、私はこれまで 1 年に 1 冊の本を書くのがやっとでしたが、生成 AI を活用したことで 10 ヶ月で 10 冊の本(電子書籍含む)を出版しています。

本書では生成 AI を使ったコンテンツ生成の副業をステップバイステップで解説します。どのようなコンテンツに需要があるのかを見極めるビジネス知識から、具体的な生成 AI ツールの使い方、効率的にコンテンツを生成するテクニックと品質を保つポイントまで、すべてを網羅しています。特に AI やデザインの知識がない方でも、簡単に始められるように解説しています。

本書を活用することで、あなたも生成 AI を駆使して短期間で高品質なコンテンツを生成し、不労所得を得ることができます。さらに、読者特典として本書の内容を学習させたあなたのコンテンツ生成をサポートする AI も提供します。

今すぐ本書を手に取り、あなたのビジョンを実現するための第一歩を踏み出してください。生成 AI でのコンテンツ作成は、あなたに新たな収益の道を開き、時間と労力を節約する手助けとなります。さあ、未来の不労所得マシンを作りあげる旅に出発しましょう！

第1章
生成 AI で不労所得マシンを作って経済的自由を達成しよう 10

第2章
ビジネス知識ゼロでもできる企画フレームワーク 36

第3章
長文執筆力ゼロでもできる！ 電子書籍を題材とした企画の作り方 54

第 10 章
人類総クリエイター社会がやってくる 206

第1章

第1章

生成AIで不労所得マシンを作って経済的自由を達成しよう

経済的自由を実現することは、多くの人々の夢です。この章では、まず経済的自由の定義とその達成に必要な要素を探ります。次に、生成 AI を活用して不労所得を生み出す具体的な手法について詳しく説明します。特に生成 AI の代表例である ChatGPT の基本的な仕組みから、安全な使用法、効果的なプロンプトの作成方法までを網羅します。さらに、借金 3500 万円から年商 1 億円を達成したマインドセットも共有します。

1 経済的自由の定義

本書での経済的自由とは、収入源が分散され、主な収入が不労所得であり、その不労所得が生活費を上回る状態を指します。この状態に達すれば、働かなくても、あるいは働けなくなっても、家族を養い続けることができます。

経済的自由の条件 1：収入源が分散していること

経済的自由の条件の 1 つ目は収入を複数の異なる分野から得る収入源の分散です。

これにより、1 つの収入源がなくなった場合でも、他の収入源で生活を維持できます。

例えば、YouTube からの収入が複数あったとしても、YouTube という単一のプラットフォームだけに依存する収入では分散とは言えません。

私自身、コロナ禍で主要な収入源を失いました。しかし、他の仕事やコンテンツの収入があったため、生活を続けることができました。

経済的自由の条件2：主な収入源が不労所得であること

経済的自由の条件の2つ目は、主な収入源が労働しなくても得られる不労所得であることです。

人生は何が起こるか分かりません。健康を損なったり、予期せぬ事故に遭ったりすることもあります。

私も森で乗馬体験をしたところ落馬をして骨を折り、事故で働けなくなるリスクを痛感しました。

不労所得を主な収入源とすることで、そうしたリスクに備えることができます。

経済的自由の条件3：不労所得が生活費を上回る状態

経済的自由の条件の3つ目は、不労所得が生活費を上回ることで、働かなくても生活が成り立つことです。

不労所得を増やすと同時に、生活費を抑えることも重要です。

実際に私は都会から家賃3万円の広島の田舎に引っ越し外食も週に1回で生活費を大幅に削減しました。これにより、不労所得が生活費を上回る状態を達成できました。

しかし、急に生活費を大幅に下げるのは難しいでしょう。まずは、不労所得を獲得する方法を見つけることが第一歩です。本書では、その方法を詳しく解説します[*1]。

---

*1 「リモートワークで実現！ストレスフリーな田舎暮らしのはじめ方」（Rebron出版）https://www.amazon.co.jp/dp/B0DDTSKN7S

2 生成 AI でコンテンツを作り不労所得を獲得する

生成 AI を活用することで、経済的自由を目指す手段が広がります。不労所得の一例として、AI を用いたデジタルコンテンツの作成が挙げられます。これにより、時間や元手、スキルがなくても効果的に収入を得ることが可能です。

一般的な経済的自由を達成する 4% ルールとは？

一般的な経済的自由は、資産の利息で生活する方法です。よく知られる 4% ルールでは、1 億円の資産を元手にすれば、年間 400 万円の運用益が得られ、生活費を 400 万円以下に抑えることで資産が目減りせずに暮らせるとされています。ただし、この方法は元手を貯めることを前提としており、実際に 1 億円の資産を作るには多くの元手と時間が必要です。

生成 AI を使った元手のいらない不労所得の作り方

不労所得を得るためには、基本的に元手が必要です。代表的な不労所得には、不動産収入や株式の配当、メタバース収入などがあります。これらの収入を得るには、不動産の購入資金や株式投資の資金、メタバース内の土地の元手が必要です。

元手がない場合でも、価値が低い時期から投資することで大きなリターンを得る可能性はあります。しかし、再現性は低いのが実情です。著者自身も、過去にメタバース収入で月収 600 万円を得ていたことがあります。ただし、これは価値が低い時期に投資を始めたためで、運が良かった部分が大きいです。同じ方法で安定して不労所得を得るのは難しく、確実な方法とは言えません *2。

*2 「メタバースがよくわかる入門書」(Rebron 出版) https://www.amazon.co.jp/dp/B0DFBYKLWT

しかし、元手の不要な不労所得があります。それが、デジタルコンテンツです。これまではデジタルコンテンツを作るには時間やスキルが必要でしたが、生成AIの登場により、時間やスキルがなくてもコンテンツを作成できるようになりました。ただし、生成AIが使えるからといって誰でも不労所得マシンを作れるわけではありません。

ビジネス知識の必要性

価値あるコンテンツを作るには、企画やマーケティングといった基本的なビジネス知識は必須です。生成AIを使って需要のないコンテンツを作り続けても、不労所得マシンにはなりません。需要のあるコンテンツを作成し、効果的にプロモーションするための知識が必要です。

3 コンテンツの本質＝情報×キャラクター

コンテンツは、その本質が「情報とキャラクター」の融合にあります。ここで言う「情報」とは、単なるデータではなく、整理・処理・分析を経た有用なものを指します。コンテンツは、この情報に、それをどのような視点や情熱で語るかという「キャラクター」が加わることで、初めてユーザーに価値を提供し、真に息づくものになります。

データとは何か

データは事実や数字、文字、記号など、観測や測定から得られる未処理の素の値です。これらは構造化されておらず、そのままでは意味や文脈を持たない単なる数値や文字の羅列に過ぎません。

データだけではコンテンツにならない

データは誰が提供しても同じものであり、あなたがわざわざ時間と労力をかけて提供するものではありません。データは整理、処理、分析されることで初めて意味を持ちます。

情報とは何か

情報はデータを整理、処理、分析することで得られる、意味や価値を持つ知識です。データは未処理の生の事実や数字であるのに対し、情報はそのデータを処理、分析、解釈して得られる意味ある知識です。データはそのままでは意味がなく、情報として変換されることで初めて利用価値が生まれます。

データと情報の違い

データは収集や記録の対象である一方、情報は意思決定や問題解決のために利用されます。例えば、気温のデータはそのままでは単なる数字ですが、これを元に気候変動の傾向を分析し、対策を考える情報とすることで価値が生まれます。

コンテンツの本質は情報とキャラクターの掛け算

コンテンツは単なるデータではなく、意味と価値を持つ情報でなければなりません。さらに、そこに誰がどのような想いで解釈し発信しているかというキャラクターが加わることで、コンテンツに命が吹き込まれます。

共感されるキャラクターが必要

コンテンツが共感されるためには、キャラクターが重要です。共感されるキャラクターには、物語の主人公のように欲求と欠陥が必要です。欲求はキャラクターの目標や目的を示し、欠陥は人間味を与えます。これにより、視聴者や読者はキャラクターに親しみを感じ、感情的に結びつきます。

有用な情報だけでなく、想いを込めることが大切

コンテンツには単に有用な情報だけでなく、作成者の想いが反映される必要があります。そうすることで、視聴者や読者に深く共感され、ファン

がつきます。欠陥は意識的に作らなくても、完璧な人間はいないため、自然と現れるでしょう。

AIと人間の役割分担が重要

すべてをAIに任せるのではなく、コアとなる企画部分は自身の欲求や経験、知識をもとに作成することが重要です。AIはデータの処理や分析を補助するツールとして活用し、最終的なコンテンツには人間の洞察や創造力を反映させます。

価値あるコンテンツを作り上げるために

データを情報に変換し、それをコンテンツとして提供することで、ユーザーにとって価値あるものを作り上げることができます。情報にキャラクターを掛け合わせることで、単なるデータが価値あるコンテンツに生まれ変わります。

このようにして、私たちが提供するコンテンツは、単なるデータの羅列ではなく、視聴者や読者にとって価値ある、共感を呼ぶものになります。これが、ファンを獲得し、持続的な成功を収めるための鍵となります。

4 | 生成AIとは？

生成AIの定義

AI（人工知能）とは、人間の思考プロセスを模倣するように設計されたプログラム群を指します。その一環である機械学習は、人間が学習するプロセスをコンピューター上で再現し、入力されたデータからパターンを識別して新たなデータに適用することで、予測や識別が可能になります。

深層学習は機械学習の一形態で、多層ニューラルネットワークを利用してより複雑なパターンを学習します。この技術では、どの特徴に注目するかをシステムが自動で抽出する能力を持ちます。

生成 AI は、蓄積された大量のデータを基に新しいコンテンツを創出する AI 技術です。この技術により、自然言語生成や画像生成など、多様な形式のコンテンツが自動的に生成されます。

生成AI位置づけ

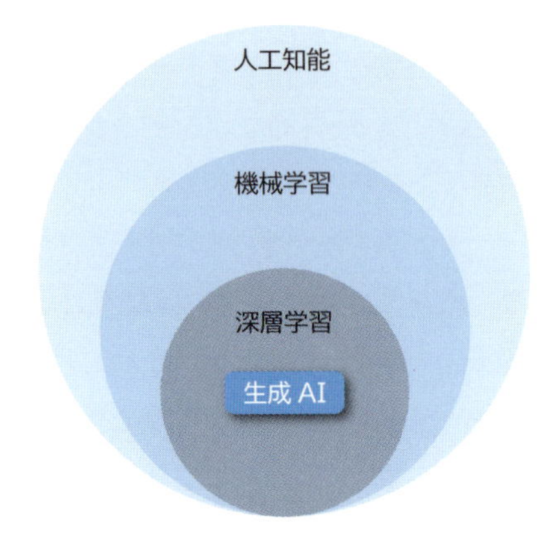

用途

生成 AI は、テキスト生成、画像生成、音声合成、ビデオ生成など、幅広い分野で利用されています。例えば、文章の自動作成、リアルな画像の生成、ナレーションの合成、さらには動画の生成まで多岐にわたります。実際に、AI はコンピュータやインターネットと並ぶ汎用技術（General-Purpose Technologies: GPTs）として認識されつつあります。生成 AI は、生産性を向上させる「補完」的な役割だけでなく、タスクの自動化による「代替」的な役割も果たします。

代表的なサービス：ChatGPT

生成 AI の代表的なサービスとして、ChatGPT があります。

ChatGPT 概要

ChatGPT は、2022 年 11 月に OpenAI 社によって公開されたコンピューータープログラムです。このプログラムは、大量のデータから学ぶ「大規模言語モデル（LLM）」という技術を活用しています。特に、ユーザーと自然に会話できるように特別なトレーニングを受けているため、誰でも簡単に利用することができます。公開からわずか2ヶ月で1億人以上のユーザーが利用するほどの人気を集め、このスピードはこれまでの記録の中で最速でした。

生成AIのメリット

生成AIの大きなメリットは、コンテンツ作成の自動化による時間とコストの大幅な削減です。これにより、効率的に高品質なコンテンツを短時間で作成することが可能になります。

生成AIのデメリット

一方で、生成AIには誤情報の生成というデメリットがあります。不正確な情報が生成される可能性があり、注意が必要です。また、倫理的課題として、著作権やプライバシーに関する問題が生じる可能性もあります。

生成AIは、技術の進歩により多くの可能性を秘めていますが、その利用には慎重さも求められます。

ChatGPTは具体的になにができるか？：ChatGPTに答えさせた

テキスト生成	質問応答	プログラミングヘルプ
・自然な文章の作成 ・文章の要約や説明 ・物語や詩の創作	・一般的な質問への回答 ・専門的な質問への回答	・コードのデバッグ ・プログラミングに関するアドバイス
言語学習支援	**質問応答**	**ビジネスコミュニケーション支援**
・言語の文法や単語の説明 ・例文の提供	・物語や詩、脚本などの創造的なテキスト生成	・メールや報告書、プレゼンテーションの草稿作成
情報検索	**ゲームと娯楽**	**翻訳補助**
・公開されている情報に基づく質問への回答 ・リアルタイムのウェブ検索は不可	・テキストベースのゲーム ・ジョークや会話の楽しみ	・簡単なフレーズや文章の翻訳
意見と推論	**科学的な説明**	**カスタマーサポート**
・与えられた情報に基づく論理的な推論 ・意見の形成	・科学的な根拠や専門的知識に基づく説明	・顧客からの問い合わせ対応 ・FAQ の提供
マーケティング	**教育支援**	**ライフアドバイス**
・コンテンツのアイデア出し ・広告文の作成	・学習内容の説明 ・課題や宿題の手助け	・日常生活におけるアドバイス ・個人的な問題解決の支援

5 ChatGPT の仕組み

ChatGPT の基本的な仕組み

ChatGPT は「次の言葉を予測する AI」として開発された GPT (Generative Pre-trained Transformer) を基にしています。この AI は、膨大なテキストデータを学習し、次の単語を予測して文章を生成する能力を持っています。

GPTが自然に対話できる仕組み

GPTは、文章中の次の単語を予測するAIとして機能します。これを基に、ChatGPTは「次の対話を予測し、生成するAI」へと進化しました。ChatGPTが自然に対話できる仕組みは、大きく3つのステップで構築されています。

1　教師あり学習

GPTはまず、人間が作成した質問と回答のセットを使って学習します。この段階では、人間がGPTに正しい回答や適切な言葉遣いを教えることで、基本的な質問への答え方や自然な文章の作り方を学びます。

2　報酬モデルの学習

次に、GPTは質問に対して複数の回答を生成します。人間がこれらの回答を見て、良い順に順位をつけます。この順位付けの情報を使って、報酬モデルという別のAIが「良い回答とは何か」を学習します。この報酬モデルは、その後GPTが新しい質問に対して回答を作るときに、その回答がどれだけ良いかを評価する役割を果たします。

3　強化学習

最後に、GPTが生成した回答に対して報酬モデルが評価を行い、その評価結果をGPTにフィードバックします。このフィードバックをもとに、GPTは次により良い回答ができるように学習を繰り返します。これにより、時間とともにGPTの性能が向上し、より自然で適切な対話ができるようになります。

この一連のプロセスにより、ChatGPTは質問や指示に対して適切な回答を予測・生成し、自然な対話を行うことが可能になっています。

ChatGPTの普及とGPT-4の導入

ChatGPTは2022年11月に公開され、すぐに広く普及しました。

2023年3月には、さらに性能が向上したGPT-4がChatGPTに搭載され、ChatGPT Plusとして有料提供されています。GPT-4は司法試験に合格するほどのスコアを達成し、日本の医師国家試験にも合格できる性能を誇ります*3。2024年5月13日、GPT-4oがリリースされました。ChatGPT-4oは、これまでのテキスト処理だけでなく、画像、動画、音声など、さまざまなデータ形式を同時に処理できるマルチモーダル機能を持っています。応答の速度や精度も向上し、より自然で信頼性の高い対話が可能になりました。

6 ChatGPTが計算を正確に行えない理由

従来のChatGPT-3は計算が苦手です。ChatGPT-3が計算を正確に行えない理由は、その基本的な構造と訓練方法に起因します。

訓練データと目的

ChatGPTは大量のテキストデータを基に訓練されていますが、その目的は文章中の次の単語やフレーズを予測することです。数値計算の正確さを追求しておらず、テキスト生成や文脈に基づいた応答に重点を置いています。

数学的エンジンの欠如

ChatGPTには、電卓や専用の数学ソフトウェアのような専門的なアルゴリズムが組み込まれていません。パターン認識とテキストベースの推論に頼っているため、正確な数値計算には向いていません。単純な計算ならば訓練データに基づいて正しく答えることもありますが、常に信頼性があるわけではありません。

---

*3 https://www.yomiuri.co.jp/science/20230509-OYT1T50319/

トークン化と数値の取り扱い

言語モデルは入力テキストをトークンという小さな単位に分割します。このプロセスでは、大きな数値や特定のフォーマットが正確に処理されないことがあります。トークンを操作して正確な計算を行うことは、モデルの構造上難しいのです。

ChatGPT-4以降のバージョンでは、プログラムを内部で実行するコードインタプリタ機能が追加されました。この機能により、ユーザーが適切なプロンプトを入力することで、ChatGPTがコードを用いて正確な計算を行うことが可能になりました。これにより、従来のバージョンでは対応が難しかった数値計算にも対応できるようになり、応用範囲がさらに広がっています。

7 ハルシネーションとは何か？

ハルシネーション（幻覚）とは、人工知能（AI）が事実に基づかない情報を生成する現象です。まるでAIが幻覚を見ているかのように、もっともらしい嘘を出力するため、この現象をハルシネーションと呼びます。

ハルシネーションの分類

ハルシネーションは、AIが学習したデータと異なる事実を出力する「内在的ハルシネーション」と、学習データに存在しない新たな事実を生成する「外在的ハルシネーション」の2種類に分類されます。

ハルシネーションの一例として、弁護士がChatGPTの生成した架空の判例を実在するものと誤認し、それを裁判で引用してしまったケースが報告されています[*4]。

*4　https://toyokeizai.net/articles/-/679560

8 生成AIを安全に使う方法

ChatGPTは、さまざまなタスクに対応できる強力なツールですが、機密情報や個人情報を扱う際には慎重さが求められます。

ChatGPTを安全に利用するための具体的な方法と設定について解説します。適切なセキュリティ対策を講じて、安心してChatGPTを活用しましょう。

機密情報は隠す

機密情報や個人情報を適切に隠すことが重要です。NDA(秘密保持契約)に関わる情報を直接入力しないように注意が必要です。個人名、具体的な数値、特定の企業名などを伏せ字や一般的な表現に置き換えることで、情報の漏洩リスクを減らせます。

一時チャットを利用する

チャット履歴が保存されない一時的なセッションを利用することで、後から情報が参照されるリスクを減らすことができます。これにより、機密情報が保存されることなく安全にチャットが行えます。

モデル改善をオフにする

ChatGPTの設定でモデル改善機能をオフにすることも一つの方法です。この設定を変更することで、あなたのデータが今後のモデル改善に使用されることはありません。設定方法は以下の通りです。

1. 設定 -> データコントロール に移動します。
2. 「すべての人のためにモデルを改善する」オプションを見つけ、このオプションをオフにします。

ただし、ChatGPTの運営会社は送信データを見ることができるため、この点には注意が必要です。

Teamプランを契約する

より厳格なデータ管理とセキュリティ対策が提供されるTeamプランを契約することも推奨されます。Teamプランはビジネス利用や機密情報の取り扱いに適しており、安心してChatGPTを活用するための環境を提供します。

回答を理解できる内容を質問する

自分で回答を理解し判断できる内容だけを質問するようにします。

嘘が書いてあった際に見破れない内容は危険です。

ライセンスを把握する

オープンソースの著名なライセンス（MIT License、Apache License 2.0、BSD、LGPL、GPL）に基づいて無償で公開されているプログラムは、基本的に商用利用が可能です。しかし、画像生成AIの利用には特に注意が必要です。画像生成AIツール自体は商用利用が許可されている場合が多いものの、使用するモデルによっては商用利用が制限されているケースもあります。

例えば、画像生成AIツール「Midjourney」は無料プランでは商用利用が許可されておらず、有料プランを利用することで初めて商用利用が可能になります。また、画像生成AIツール「Stable Diffusion」は、さまざまなモデル（Checkpoint）が無料で公開されており、それぞれが写真やイラストに特化しています。生成された画像の商用利用の可否は使用するモデルのライセンスに依存するため、モデルのライセンスを事前に確認することが重要です。

このように、ツールそのものが有料でなければ商用利用ができない場合や、ツールは商用利用可能でも、特定のモデルによっては商用利用が制限されるケースがあります。利用時にはこれらの条件を十分に確認してください。

本書で紹介しているツールは基本的に商用利用が可能ですが、Googleの「ImageFX」はテスト版であり、商用利用が許可されているかどうかは明確にされていないため、注意が必要です。

「商用利用不可のAIツールで作成した画像でも、その出所がわからないから問題ないのでは」と考えるかもしれません。しかし、Googleの子会社であるGoogle DeepMindは、AI生成画像と人間が作成した画像を区別する新たなツール「SynthID」を発表しています。このツールは、AIで生成された画像に肉眼では見えない電子透かしを埋め込み、AI生成画像を識別可能にする技術です。したがって、商用利用不可の画像を商用で利用していた場合はすぐにバレると考えたほうがいいでしょう。

GitHubでのライセンスの見方

多くの生成AIツールは、プログラム共有サービスのGitHubで公開されています。GitHubで公開されているツールのライセンス情報は、「About」セクションに記載されています。以下の画像の例ではGPL-3.0ライセンスのもとで提供されています。

GitHubでは「About」でライセンスを確認

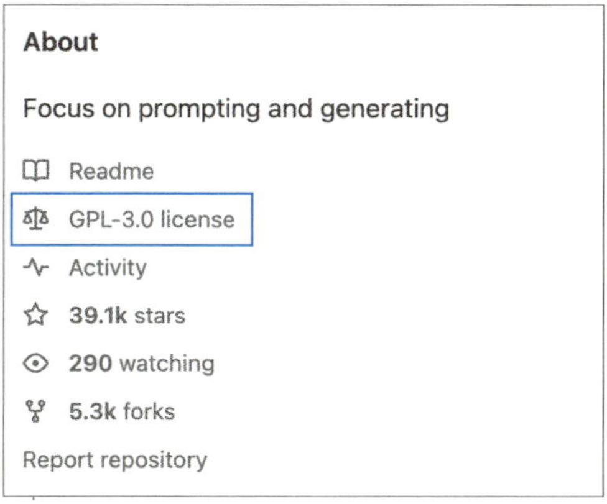

About

Focus on prompting and generating

Readme

GPL-3.0 license

Activity

39.1k stars

290 watching

5.3k forks

Report repository

9 AIを使いこなすことが重要な時代の到来

今や「AI対人間」の対立ではなく、「AIを使いこなす人間対使いこなせない人間」という新たな時代が訪れています。

AIを効果的に活用できるかどうかが、生産性において圧倒的な差を生む時代となっています。

孫子の「彼を知り己を知れば百戦殆からず」という教えが示す通り、自分と相手（ここではAI）を理解することが重要です。

AIを使いこなすためにはスキルとマインドセットが必要

AIを効果的に使いこなすには、AIを操作するスキルを育むことと、作品を世に出す自信やポジティブなマインドセットを持つことが重要です。AIを使って作品を作りながら試行錯誤を重ねることで、そのスキルは向上していきます。これは学習が、行動を通じて得られるフィードバック、特に期待とは異なる結果を得たときに強化されるものだからです。

作品作りを通じて技術を磨く

AIに習熟するためには、実際に作品を作り、公開するプロセスを繰り返すことが大切です。作品を世に出すことで、市場からさまざまなフィードバックを得られ、それを基にさらに技術を高めることができます。私自身も、プログラミングを独学で学ぶ中で40個以上の作品を作りました。その中には今振り返ると恥ずかしいレベルのものも多く含まれていますが、これらの試行錯誤の中で一つが成功し、最終的にはアプリ会社として売却するに至りました。

自信とマインドセットの重要性

AIの知識や技術を学んでも、それだけで自信を持って作品を世に公開できるとは限りません。なぜなら、そこには自分への自信や適切なマインドセットが必要だからです。AIを使って成果を上げるためには、失敗を恐れず挑戦する姿勢と、自分の可能性を信じる心が欠かせません。次に、成功への鍵となるマインドセットについて説明します。

借金3500万円から年商1億円を達成したマインドセット

ここでは、私の経験から得たコンテンツ生成における12の重要なマインドセットをご紹介します。これらのマインドセットは、ただ成果を出すためだけではなく、創造のプロセスをより豊かにし、自分自身の成長を促す指針となるはずです。

お金儲けは感謝の証と考える

お金を稼ぐことは、自分の提供する価値に対して他人が感謝している証です。この考え方を持つことが大切です。

私自身、このマインドを持つ重要性を実感した経験があります。かつて、私はお金を儲けている人は悪い人だと漠然と感じていました。実際に大学生の時に作ったアプリがヒットしたとき、毎日お金が増えていくのを見て、自分が何か悪いことをしているのではないかと不安になりました。その結果、アプリの公開を停止してしまったのです。

その後、利用者の方から「更新はないのか」「以前見かけて気になっていたのに、見つからなくなった」というメールが届きました。このフィードバックを通じて、私のアプリを求めている人がいて、それに対してお金を支払ってくれていることを実感しました。そして、アプリの公開を再開することにしました。

コンテンツが売れ始めると、不安になることもあるでしょう。しかし、あなたが作ったコンテンツが誰かの課題を解決し、救っているのです。お金儲けは感謝の証だと考え、自信を持って発信していきましょう。

長期で考える

コンテンツ生成では、短期的な利益よりも長期的な視点が重要です。コンテンツを作成しても、すぐにヒットすることは稀です。しかし、これらのコンテンツは確実にストックされていきます。

そして、いずれかのコンテンツがヒットしたり、ファンが付き始めると、そのストックが不労所得マシンとして機能し始めます。コツコツと積み重ねたコンテンツが、後に安定した収入源となるのです。長期的な視野でコンテンツを作成し続けることで、持続可能な成功を築けるでしょう。

恥ずかしいレベルで世に出す（完璧主義にならない）

完璧主義を捨て、恥ずかしいレベルでも世に出す勇気を持ちましょう。初めから完璧を目指すのではなく、改善を繰り返すことで成長します。

売れるかどうかを考えすぎない

売れるかどうかを過度に気にせず、自分の信じる価値を提供しましょう。市場の反応を恐れずに行動することが重要です。

好きなことをテーマにする

自分が本当に好きなことをテーマにすると、情熱を持って取り組むことができ、結果的に良い成果を生み出します。

情報のまとめも価値あるコンテンツになる

他人が必要としている情報をまとめるだけでも、十分に価値のあるコンテンツとなります。情報の収集と整理を怠らないようにしましょう。

相手を行動させる

提供するコンテンツは、受け取った人が行動を起こすきっかけとなるようなものにしましょう。行動を促すメッセージが大切です。

小さく始める

大きなプロジェクトを一気に始めるのではなく、小さく始めて徐々に拡大する方法が効果的です。リスクを最小限に抑えながら、着実に成長します。

労働集約に逃げない

労働時間に比例して収入を得るのではなく、効率的に収益を上げる方法を見つけましょう。一日を振り返り、不労所得を生み出す仕組み作りにどれだけの時間を費やせたか確認してみましょう。もし、その時間が十分に取れない日が続いているなら、日々の生活や優先順位を見直すサインかもしれません。

起業は簡単

起業は難しいものではありません。むしろ、自分のアイデアを実現するための一つの手段として考えましょう。大学で学生の起業支援を行ってきた経験からも、起業は特別な才能や条件が必要なわけではなく、誰にでも可能な挑戦であることを実感しています。重要なのは、行動を起こす勇気と学び続ける姿勢です。

失敗とは学び

失敗は成功へのステップです。失敗から学び、それを次に活かすことで成長につながります。失敗した時に「やっぱり自分は駄目なんだ」と考えるのではなく、「こんな失敗をするなんて自分らしくない」と前向きに捉え、自信を失わない習慣を身につけましょう。

私自身も、夢いっぱいで創業した会社を解散したり、事業に失敗して3500万円の借金を抱え、新聞配達をしていたことがあります。家賃が払えず、絶望に打ちひしがれていた時期もありましたが、「このままでは自分らしくない」と思い、現状を打破する方法を模索しました。その結果、その年に年商1億円を達成することができました。失敗はあくまで通過点に過ぎず、それをどう乗り越えるかが成功への鍵なのです。

10 | 生成AIで稼ぐってどういうこと？

生成AIで収益を得る方法

生成AIで収益を得るための主要な方法は、コンテンツを生成して販売することです。生成AIは特にコンテンツビジネスと相性が良く、さまざまな形式のコンテンツを迅速かつ効率的に作成することができます。

コンテンツビジネスの概要

コンテンツビジネスとは、以下のようなコンテンツを作成して販売するビジネスモデルのことです。

コンテンツ一覧

- 記事：ブログ投稿や専門記事など
- 書籍：電子書籍やペーパーバック
- 画像：イラストや写真
- 動画：教育ビデオやエンターテインメントコンテンツ

- 物語：小説や絵本
- ソフトウェア：アプリケーションやツール

今がチャンス

生成AIで稼ぐには今がチャンスです。生成AIを効果的に使いこなせる人はまだ少ないため、このチャンスを活かしてビジネスで成功を収めましょう。

11 生成AIで不労所得マシンを作るメリット

生成AIの不労所得で得られる5つのメリット

生成AIの不労所得で得られる5つのメリットがあります。

1. 場所を選ばず働ける：どこにいても自由に働けます。
2. 好きなことがお金になる：自分の興味や情熱を収入源に変えられます。
3. 時短効果：効率的な働き方で時間を節約できます。
4. パッシブインカムの構築：一度作成したコンテンツが長期的に収益を生み続けます。
5. 低コストで始められる：初期投資が少なく、誰でも気軽に始められます。

生成AIコンテンツの種類を知る

生成AIを活用して作るコンテンツには多様な種類があり、それぞれに応じたツールや技術が存在します。以下に、代表的な生成AIコンテンツの例を挙げます。

生成AIで電子書籍を書く

生成AIを使って電子書籍を作成することが可能です。アイデアをもとにAIが文章を生成し、短期間で完成度の高い書籍を作成できます。

生成AIでブログを書く

ブログは情報を発信し、読者とのコミュニケーションを図るための強力なツールです。生成AIを使うことで、ブログの執筆がより効率的かつ効果的になります。AIは内容のアイデア提供から文章構成、SEO対策までサポートし、ブロガーがより質の高い記事を作成できるようにします。

生成AIで動画教材を作る

生成AIは、テキストから自動的に動画を作成し、音声や字幕の追加、視覚的な要素の生成を支援します。これにより、コンテンツ制作の時間を大幅に短縮し、視覚的にわかりやすく魅力的な教材をユーザーに提供することができます。

生成AIで楽曲を作る

生成AIは音楽制作にも大きな役割を果たします。AIツールを使用すれば、メロディやリズムを自動で生成し、アーティストのインスピレーションを形にすることができます。初心者でもAIの助けを借りて、プロフェッショナルな楽曲を作成できる時代が到来しています。

生成AIでアプリを作る

生成AIを使ってプログラミングを使用せずにAIを活用した高度なアプリを作成できます。

12 生成AIで不労所得マシンを作る全技術

生成AIで不労所得マシンを作る全技術について説明します。

次ページの図に示されているのが、生成AIを活用して不労所得マシンを構築するための全体的な技術プロセスです。このプロセスを段階的にAI化することで、効率的かつ持続的に収益を生み出す仕組みを作り上げることができます。

ビジョンの明確化が、コンテンツ作成の原動力となります。

ビジョンとは、あなたが人生の目的を達成したときにどうありたいか、その理想像を具体的に描いたものです。人生の目的とは、残りの人生で何を成し遂げたいかを指します。ビジョンを明確にすることで、なぜコンテンツを作るのかという根本的な理由が明確になり、モチベーションを維持しやすくなります。例えば、「経済的自由を達成し、余暇と娯楽を心から楽しむ」という人生目的があるなら、それがコンテンツを作る目的となり、その実現に向けたコンテンツを計画していくことができます。

私のビジョンがどのように形成されたかについて。

私のビジョンは「自由に生きるための武器を配ること」です。このビジョンを持つようになったのは、中学生の頃、不登校で教師からいじめを受けていた経験が影響しています。自分は社会で生きていけるのだろうかという不安を抱き、一人でも自由に生きる手段を身につけたいと強く思うようになりました。そしてプログラミングと出会い、それが私の最初の不労所得マシンとなるアプリを作るきっかけになりました。現在は、より多くの人が自由に生きるための手段として、プログラミングの書籍や子供向けのプログラミングスクールを運営し、大学では学生起業を専門に教えています。今では、生成AIが新たな自由のための武器になると考え、発信しています。

このように、ビジョンを基にしてコンテンツを作り上げていくことで、目的意識を持ちながらコンテンツの生成を継続できます。

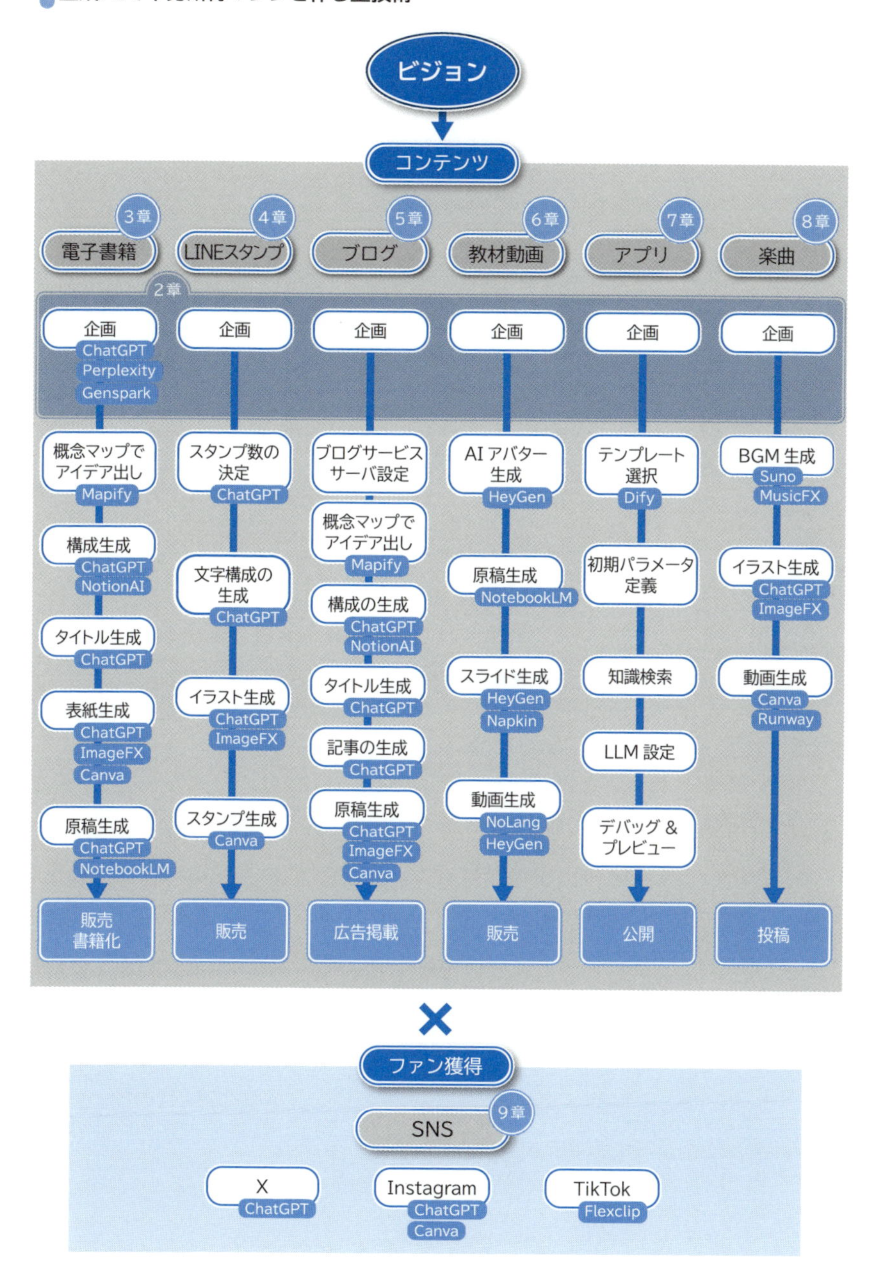
ビジョン
コンテンツ
3章
電子書籍
4章
LINEスタンプ
5章
ブログ
6章
教材動画
7章
アプリ
8章
楽曲
2章
企画
ChatGPT
Perplexity
Genspark
概念マップでアイデア出し
Mapify
構成生成
ChatGPT
NotionAI
タイトル生成
ChatGPT
表紙生成
ChatGPT
ImageFX
Canva
原稿生成
ChatGPT
NotebookLM
販売 書籍化
企画
スタンプ数の決定
ChatGPT
文字構成の生成
ChatGPT
イラスト生成
ChatGPT
ImageFX
スタンプ生成
Canva
販売
企画
ブログサービスサーバ設定
概念マップでアイデア出し
Mapify
構成の生成
ChatGPT
NotionAI
タイトル生成
ChatGPT
記事の生成
ChatGPT
原稿生成
ChatGPT
ImageFX
Canva
広告掲載
企画
AI アバター生成
HeyGen
原稿生成
NotebookLM
スライド生成
HeyGen
Napkin
動画生成
NoLang
HeyGen
販売
企画
テンプレート選択
Dify
初期パラメータ定義
知識検索
LLM 設定
デバッグ & プレビュー
公開
企画
BGM 生成
Suno
MusicFX
イラスト生成
ChatGPT
ImageFX
動画生成
Canva
Runway
投稿
×
ファン獲得
9章
SNS
X
ChatGPT
Instagram
ChatGPT
Canva
TikTok
Flexclip

コンテンツ生成の第一歩はブログから

コンテンツ生成の第一歩はブログから始めることをお勧めします。

ブログを書くことは、情報発信の基本であり、読者とのつながりを深めるための強力な手段です。最初は、アイデアをまとめて文章にするのは難しいかもしれませんが、継続することで徐々に慣れていき、効率的に執筆できるようになります。

ブログを元に、コンテンツを発展させるステップが重要です。

ブログが安定して書けるようになったら、次のステップとして、ブログ記事をまとめて電子書籍にすることができます。さらに、記事内容をもとに動画教材を作成したり、アプリに発展させたりすることも可能です。このように、ブログを起点にして、さまざまな形でコンテンツを展開していくことで、より多くの読者や視聴者にリーチできるようになります。

コンテンツ生成の成長は、段階的に進めるのが効果的です。

最初はブログを書くことだけに集中し、それが自然にできるようになったら、他のメディアや形式に挑戦してみましょう。焦らず一歩ずつ進めることで、質の高いコンテンツを継続的に提供できるようになります。

第1章まとめ
生成AIで経済的自由への一歩を踏み出そう

本章では、経済的自由を達成するための基本的な要件と、生成AIを活用した不労所得の構築方法について説明しました。不労所得が生活費を上回る状態を実現することで、働かなくても安定した収入を得られるようになります。生成AIを使ったコンテンツ作成は、初期投資が少なく、効果的に収益を生み出せる手段として非常に有効です。これからの章でさらに詳しく解説する方法を参考に、あなた自身の不労所得マシンを作り上げ、経済的自由への一歩を踏み出しましょう。

第2章

本章では、「ビジョン」から「コンテンツ生成」までの7つのステップを用いて、各コンテンツで不労所得マシンを効率的に構築するためのフレームワークを解説します。

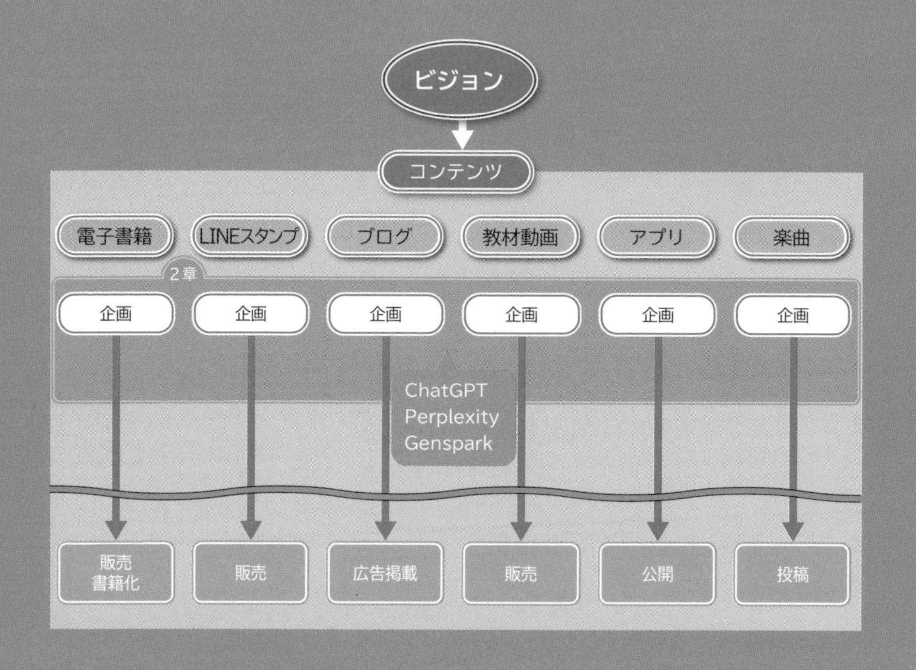

第2章

ビジネス知識ゼロでもできる企画フレームワーク

本章では、不労所得マシンを効率的に構築するための7つの工程を紹介します。「ビジョン、コンセプト、リサーチ、MVP、マネタイズ、プロモーション、コンテンツ生成」という一連のステップを通じて、初心者でも確実に成果を上げることができるフレームワークを解説します。著名なマーケティング手法「R・STP・MM・I・C」と「リーンキャンバス」を統合し、企画からマーケティングまでを一貫してカバーするこのフレームワークを活用して、あなたのビジネスアイデアを現実に変えていきましょう。

1 フレームワークの意義

私は数億円規模のプロジェクトで企画責任者とマーケティング責任者を務めた経験があります。その経験から学んだことは、フレームワークはチェックリストとしての役割を果たすものだということです。フレームワークに従えば自動的に価値ある製品が作れるわけではありませんが、重要なポイントを見落とさないようにするための指針となります。

価値ある製品を作るためには、顧客の声を聞き、最小限のコストで試作品を作り早期にフィードバックを得て、継続的に改善する必要があります。

マーケティングの7つの工程

マーケティングとは、顧客のニーズに応えて利益を上げ、それが自然に購入される仕組みを作ることです。ここで言うニーズとは、顧客が何かを不足と感じている状態のことを指します。

環境分析（Research）：まずは市場や競合、顧客の動向を調査・分析します。この段階では､データ収集と分析を通じて市場の全体像を把握し､機会や脅威を見極めます。

顧客の細分化（Segmentation）：次に、異なる顧客グループを識別し、それぞれのニーズや行動パターンに基づいて市場を細分化します。これにより、ターゲットとすべき顧客層が明確になります。

対象顧客の選定（Targeting）：細分化した市場から、最も魅力的で収益性の高い顧客グループを選定します。この段階では、各セグメントの魅力と自社のリソースを考慮して、ターゲット市場を決定します。

製品の差別化（Positioning）：次に、自社製品やサービスを競合製品と差別化し、顧客に対する独自の価値提案を明確にします。これは、ブランドイメージの構築にもつながります。

製品開発と施策の決定（Marketing Mix）：製品、価格、流通、プロモーションの4P(Product, Price, Place, Promotion)を組み合わせて、マーケティング戦略を具体化します。これにより、顧客のニーズに最適な製品やサービスを提供するための戦略を策定します。

実施（Implementation）：計画したマーケティング戦略を実行に移します。この段階では、具体的な行動計画を作成し、各部門が連携して戦略を実行します。

管理（Control）：最後に、マーケティング活動の成果を評価し、必要に応じて修正を行います。この段階では、目標達成度を測定し、改善点を特定して次の戦略に反映します。

これらの工程を「R・STP・MM・I・C」と呼び、近代マーケティングの父とされるフィリップ・コトラー氏が提唱したフレームワークです。これらの工程は、マーケティングで最低限考慮すべき要素のチェックリストとして利用することで、効果的なマーケティング戦略を構築する手助けとなります。

マーケティングフレームワーク「R・STP・MM・I・C」

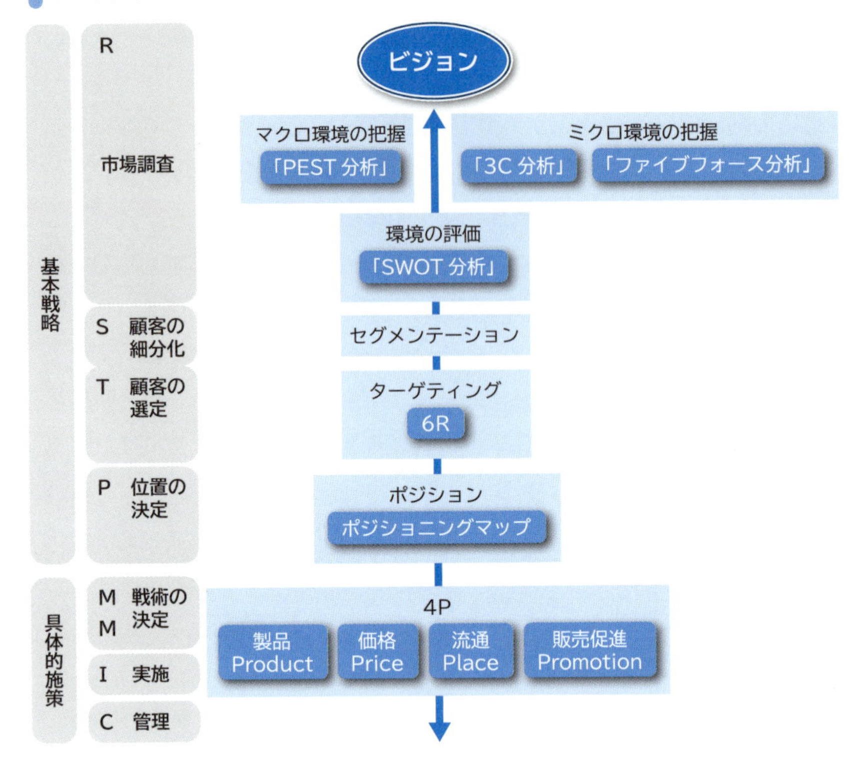

企画の９ステップ

「リーンキャンバス」はアッシュ・マウリャ氏が著書「Running Lean」で提唱したフレームワークで、ビジネスモデルを９つの基本要素に分けて考える方法です。「リーンキャンバス」は仮説ベースのものであるため、各項目については顧客候補の声を聞くといった実際の検証を行いながら修正を重ねていく必要があります。これにより、初期段階での失敗リスクを最小限に抑えつつ、実行可能なビジネスモデルを構築できます。

「リーンキャンバス」の9つの基本要素

1. 顧客セグメント

誰がターゲット顧客なのかを明確にします。市場を特定し、その市場内で具体的にどの顧客層を狙うのかを決定します。

2. 課題

ターゲット顧客が抱える主要な問題やニーズを特定します。

3. 独自の価値提案

他社製品とは異なる、自社製品やサービスの独自の価値を明確にします。

4. 解決策

顧客の課題を解決するための具体的な製品やサービスを設計します。

5. チャネル

顧客にどのようにリーチするかを決定します。販売チャネル、マーケティングチャネル、コミュニケーションチャネルなどを含めます。

6. 収益の流れ

どのようにして収益を上げるかを明確にします。価格設定、収益モデル、販売方法などを詳細に記述します。

7. 費用

ビジネスモデルを実行するために必要なコストを特定します。開発費、マーケティング費、運営費などを含めます。

8. 主要指標

ビジネスの成功を測るための指標を設定します。売上高、顧客獲得数、リピート率などの重要なKPIを特定します。

9. 圧倒的な優位性

競合他社に対して優位性を持つ要素を明確にします。他社が容易に真似できない独自の強みを定義します。

リーンキャンバス

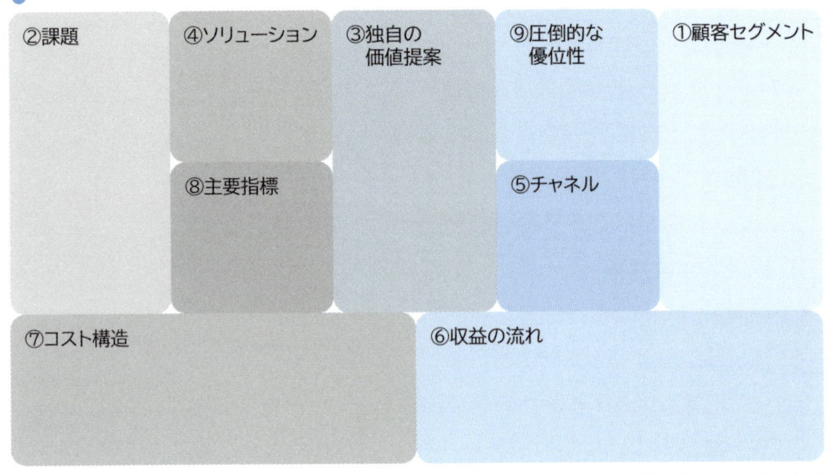

出典：Ash Maurya,Running Lean, オライリー・ジャパン ,2023. より

2 7ステップでできる不労所得マシン生成フレームワーク

企画とマーケティングを統合することで、顧客が満足するコンテンツを企画します。

企画とマーケティングのフレームワークを統合して7個のステップに分けた不労所得マシン生成フレームワークを以下に示します。

不労所得マシン生成フレームワーク

Step1：ビジョン

⬇

Step2：コンテンツのコンセプト決め
「誰の」「どんな課題を」「どうやって」解決するか

⬇

Step3：リサーチ
生成しようとしているコンテンツは不労所得マシンになるか？

⬇

Step4：MVP 生成（最小限のコンテンツの生成）
生成しようとしているコンテンツは“本当に”不労所得マシンになるか？

↓

Step5：マネタイズ計画
収益と費用（時間・お金）は？

↓

Step6：プロモーション計画
どうやって売るか？

↓

Step7：コンテンツ生成

ステップ 1：ビジョン

ビジョンとは、人生の目的を達成したときのあるべき姿を可視化したものです。人生の目的とは、残りの人生で成し遂げたいことです。

ビジョンを明確にすることで、「なぜコンテンツを作るのか」という根本的な理由がはっきりし、モチベーションを維持しやすくなります。さらに、具体的なビジョンがあれば、コンテンツ作成の方向性が明確になり、必要なリソースや時間を効果的に配分できます。さらに、ビジョンに基づいたコンテンツを発信することで、あなた自身のパーソナルブランドを強化できます。これにより、特定の分野での専門性や信頼性が高まり、ファンやフォロワーの支持を得やすくなります。

実際のビジョンの作り方は、本章の最後のワークで紹介します。

ステップ 2：コンセプト

「誰の」「どんな課題を」「どうやって」解決するかのコンセプトを決めます。

顧客に差し迫った課題の上位３つを特定します。課題は理想の状態と現状の差から生まれます。その差自体が課題であることもあれば、その差を生む背景や要因が課題となる場合もあります。例として、もし現状が荒れた肌で、理想が美しい肌であるならば、その間の差が課題となります。そして、不規則な食生活が荒れた肌の根本原因である場合、その食生活もまた課題として扱われます。

そのため、顧客の課題を特定するには顧客の理想の状態を知る必要があります。この顧客の理想の状態や体験が、コンセプトの核になります。この理想の状態を定義するために、理想の状態への進歩のために商品を“雇用する”という考え方であるクレイトン・クリステンセン氏の「ジョブ理論」があります。「～なとき、～したい。そうすれば～できる。」というジョブストーリーフォーマットを活用して、顧客の理想の状態を定義します。そして課題を見つけます。

理想の状態への進歩のために商品を雇用するジョブ理論

理想の状態への進歩のために商品を“雇用する”という考え方をジョブ理論と言います[1]。私たちが商品を購入するのは、私たちに目指している「理想の状態」があるからです。

例えばある人が、自分の肌がツヤツヤとして美しい状態であることを、自分の理想の状態であると認識しています。しかし現状では、肌荒れが目立っており、理想の状態と現状に差を感じます。その差を解決するために、化粧品を使うことで理想の状態である美しい肌を目指します。

このように、人は目指している理想の状態があり、その理想の状態と現状に差を感じる場合に、その差を埋めるために商品を使用します。人はその商品を購入し所持することが目的ではなく、その差を埋めるために商品を購入します。

この点を明確に表した言葉として、セオドア・レビット氏の書籍「マーケティング発想法」に「人々が欲しいのは1/4インチ・ドリルではない。彼らは1/4インチの穴が欲しいのだ」[2]があります。

デジタルコンテンツも同じです。私たちはデジタルコンテンツをダウンロードしてスマホの中に所有するために購入しません。現状と理想の状態

---

[1]クレイトン・クリステンセン, ジョブ理論, ハーパーコリンズ・ジャパン, 2017.
[2]セオドア・レビット, マーケティング発想法, ダイヤモンド社, 1971.

の差を埋めるためにコンテンツを雇用します。

ジョブストーリーフォーマットで理想の状態の候補を出す

ジョブストーリーフォーマット「～なとき、～したい。そうすれば～できる。」を活用して、コンセプトのもとになるアイデアリストを作成します。この工程では、「～なとき」の部分に具体的な状況を記述します。詳細な状況ほど、有効なアイデアにつながる可能性が高まります。「～したい」には動機を記載します。ここでは、想像ではなく実際の経験に基づいて考えることが重要です。「そうすれば～できる」の部分には、期待される成果を具体的に書きます。

アイデアリストが完成したら、1つに絞るか統合させます。選定する際はビジョンに繋がるような視点で考えることが効果的です。適切なアイデアは、少なくとも一つの基本的な人間の欲求を満たすものです。人間の基本的な欲求には、「生存」「人間関係」「成長」の3つがあります。これはアルダファーのERG理論に基づいています[3]。

アイデアから課題を見つける

アイデアから課題を見つけます。具体的には、アイデアの中の動機「～したい」部分に注目し、「～したい。しかし（課題）でできない」の形で課題を挙げます。

課題の検証と代替品を知るインタビュー

課題の検証と代替品を知るにはインタビューを用います。

インタビューの際には書籍「リーン顧客開発」[4]で紹介されている以下の質問が便利です。

以下の質問の○○には理想の状態や課題が入ります。

---

[3] C. P. Alderfer, Existence, Relatedness, andGrowth - Human Needs in Organizational Settings, Free Pr, 1972.
[4] シンディ・アルバレス, リーン顧客開発, オライリー・ジャパン, 2015.

- 現在は○○をどのような方法で行なっていますか？
- ○○を行うときに、どのような［ツール、製品、アプリ、コツ］を使っていますか？
- もしなんでもできたとしたら何をしますか？
- 前回○○を行なったとき、その直前には何をしていましたか？終了後は何をしましたか？
- ○○について、他に私が尋ねるべきことはありますか？

出典：シンディ・アルバレス，リーン顧客開発，オライリー・ジャパン，2015. より

インタビューは学びの貴重な手段です。私自身、コンテンツを作る際には顧客の候補者の方々にインタビューを行ってきました。

インタビューを行うことで失敗のリスクを軽減し、無駄を回避できます。

ただし、顧客が正解を知っていることは稀です。顧客の声をそのまま受け入れるのではなく、分析し、顧客も気がついていない課題を発見することが重要です。

ステップ3：リサーチ

調査では、環境分析、ターゲット市場、競合他社、顧客ニーズなどの情報を収集し、コンテンツが不労所得マシンになり得るかを調査します。前提として、私たちの時間は限られています。そのため、このコンテンツを作って不労所得の獲得につながるのかを事前に調査する必要があります。加えて具体的なコンテンツの方向性を決めます。

ステップ4：MVP生成（最小限のコンテンツの生成）

MVP（Minimum Viable Product）は、最小限の機能で市場に出すことができる製品です。MVPを使用することで、顧客からのフィードバックを早期に得て、製品の改善に役立てます。生成しようとしているコンテンツは“本当に”不労所得マシンになるか？　を検証します。スタートアップが失敗する最大の原因は顧客のニーズがない商品を作ることです。それ

を避けるための工程です。

MVPの概念と事例

MVP（Minimum Viable Product）の事例として、私のプログラミングスクールの立ち上げを紹介します。当時、広島には本格的なプログラミングスクールがなかったため、まずMVPを活用して需要を検証しました。具体的なMVPは、一回分の無料体験授業とチラシです。折込チラシとして配布したところ、一般的な学習スクールを大きく上回る反応率を得ました。この結果を受けて急いで教室を確保し、1年分の授業を準備しました。現在では、20店舗以上に拡大しています。

もう一つの事例は、サイバーセキュリティをゲーム形式で学べるアプリの開発です。開発に時間がかかると予想されたため、最初は紙を使ったカードゲームの形でMVPを作成し、顧客候補やセキュリティ会社の社員に試してもらいながら改善を重ねました。需要が確認できたため、本格的なアプリの開発に着手し、その結果、経済産業大臣賞を受賞し、ゲーム投稿サイトでランキング1位を獲得しました。

このように、最小限のコストでMVPを作成することで、リスクを抑えながらコンテンツの需要を確認できます。

ステップ5：マネタイズ計画

マネタイズ計画では、製品やサービスをどのように市場に提供するか、収益と費用を計画します。製品やサービスの価格設定と、それに関連するコストを詳細に分析するプロセスです。これにより、収益性を確保するための戦略が立てられます。

ステップ6：プロモーション計画

プロモーションは、製品やサービスの認知度を高め、販売を促進するための具体的なアクションプランを策定するステップです。

ステップ7：コンテンツ生成

コンテンツを生成AIを活用して生成します。

3　面倒なことはAIにやらせよう

AIに任せることで効率アップ

企画ステップを見て「面倒だ」と感じるかもしれません。

しかし、心配する必要はありません。面倒な作業はAIに任せることで、効率的に進めることができます。

AIで即座に制作するメリットとデメリット

「何か思いついたら即AIで作るのが良いのでは？」と思う方もいるでしょう。実際、この方法が向いている人も多く、成功するケースも少なくありません。しかし、このアプローチでうまくいくのは、顧客の理解や課題に対する洞察が元々高い天才的な人たちです。再現性が低いため、一般的には成功しにくいのです。

私自身、ヒットする製品を作るまでに約30個のアプリをリリースしましたが、その多くは失敗に終わりました。これは、思いつきで作ったものが多かったためです。しかし、企画の立て方を学び、顧客の課題を解決する作品を作るようになったところ、成功を収めました。

例えば、当時私は将棋を強くなりたいと思っていましたが、書籍を読んでの勉強が難しく、アプリで一手一手を動かしながら学べる作品を作成しました。このアプリは瞬く間にヒットし、新着有料アプリの全国ランキングで4位にランクインしました。当時の1位はドラゴンクエスト、2位はファイナルファンタジーでした。

目的は不労所得マシンの構築

あなたの目的は大量に作品を作ることではなく、不労所得マシンを作って経済的自由を達成することです。個々の作品を作るプロセスは確実にAIで時短できます。そのため、企画の時点で少し頭を使って改善することで、目的に素早く到達することができます。

4 ［ワーク］自分のビジョンをAIで生成する

ビジョンとは、人生の目的を達成したときのあるべき姿を可視化したものです。

人生の目的とは、残りの人生で成し遂げたいことです。

「自分の隠れた情熱を見つける30の質問」に答えてみましょう。その回答をノートに書き出すことで、人生の目的を探る手助けになります。

質問

Q01 もし何の制約もなく、何でもできるとしたら、最初に取り組むことは何ですか？
Q02 あなたが時間を忘れるほど夢中になれることは何ですか？
Q03 子供の頃に一番楽しんだ遊びや活動は何ですか？
Q04 あなたが最も心配なく、自由を感じる場所や状況はどこですか？
Q05 他人から頻繁に頼まれることや助言を求められることは何ですか？
Q06 過去に最も誇りに思った瞬間はどんな時ですか？
Q07 あなたの価値観を最も反映している出来事や経験は何ですか？
Q08 何かを失敗した時、それでも続けたいと思ったことは何ですか？
Q09 自分のためだけでなく、他人のために成し遂げたいことは何ですか？
Q10 どんな状況でも失わずに持ち続けたい信念や価値観は何ですか？

Q11 何に対して不満や不平を感じることが多いですか？それを変えたいと思いますか？
Q12 他人がしていることを見て「自分もこれができるはずだ」と感じたことは何ですか？
Q13 あなたが最も感動した作品や人の特徴は何ですか？
Q14 将来の自分が後悔しないために、今何を始めるべきだと思いますか？
Q15 あなたが一番大切にしている時間の使い方は何ですか？
Q16 誰かに感謝されることで、最も満たされたと感じた瞬間はいつですか？
Q17 自分の人生で最も挑戦してみたいことは何ですか？
Q18 あなたの人生における「もしも」の後悔は何ですか？それをどう変えられますか？
Q19 最も自分らしいと感じるとき、それはどんな時ですか？
Q20 自分のスキルや才能で他人を助けられるとしたら、何をしたいですか？
Q21 自分の好きな人たちに囲まれた完璧な一日はどのように過ごしますか？
Q22 あなたが特に熱心に話すことができるトピックは何ですか？
Q23 最もストレスを感じずに自然とできることは何ですか？
Q24 自分がいなくなった後、どのような形で他人に影響を残したいですか？
Q25 過去の失敗から学んだ一番大きな教訓は何ですか？
Q26 人生のどんな場面でもっとリスクを取っておけばよかったと思いますか？
Q27 自分の人生の中で最も大きな変化をもたらした経験は何ですか？
Q28 もし明日何も失うことがないとしたら、今日何を試しますか？
Q29 あなたの情熱や目的を見つけるために、一番乗り越えたいと思う障害は何ですか？

Q30 最後に、自分の人生に満足するために、今何を始めるべきだと思いますか？

本書特典であるカスタムされたChatGPT「不労所得マシンの大学 - 生成 AI 不労所得マシン作成アシスタント -」を活用するとChatGPTと一緒に質問を回答しながら整理できます。

不労所得マシンの大学 - 生成 AI 不労所得マシン作成アシスタント -

https://chatgpt.com/g/g-qgRxJK61C-runesansuda-xue-sheng-cheng-aibu-lao-suo-de-masinzuo-cheng-asisutanto

目的とゴールと手段の明確化

質問の回答を「目的」「ゴール」「手段」に分類します。これにより、ビジョンが具体的になり、達成するためのステップが見えてきます。

目的、目標、ゴールの定義

目的（Be）：成し遂げたい根本的な動機や理由。抽象的で長期的なもの。
ゴール（Do）：目的を達成するための具体的な目標。測定可能で明確。
手段（Have）：ゴールを達成するための具体的な行動やリソース。短期的なステップ。

桃太郎を例にした説明

目的：村を守ること
ゴール：鬼のボスを退治すること
目標：仲間を集める、鬼ヶ島に到達する、鬼を倒す
手段：きびだんご、さる犬キジの仲間、船

ビジョンを明確にする方法

設定した目標や手段を見直し、それぞれの背後にある目的を明確にします。「このゴールを達成する目的は何か？」と自問し、具体的な目的を洗い出します。

ビジョンをAIで可視化する

画像生成AIを活用することで、自分のビジョンを視覚化することが可能です。現在、ビジョンを画像化する際にお勧めの生成AIには、ChatGPT、Googleの無料画像生成AI「ImageFX」、そして様々なモデルを切り替えて多様な画像を生成できるStable Diffusionがあります。

ChatGPTを使う場合、以下のようなプロンプトを入力するだけで簡単に画像を生成できます。

プロンプト

平和になった村で幸せそうに笑っている男の子と、その周りにいる猿、犬、キジのイラスト（または写真）を生成してください。

第２章まとめ
不労所得マシンを構築するためのフレームワークを活用しよう

本章では、ビジネスの経験がなくても、企画からマーケティングまでを一貫して進めるためのフレームワークを紹介しました。このフレームワークに従うことで、顧客のニーズを的確に捉え、効果的なコンテンツを生成する手助けとなります。企画とマーケティングを統合し、段階的に進めることで、あなたのアイデアが確実に形となり、不労所得を生み出すマシンへと成長するでしょう。このフレームワークを実践し、経済的自由への道を歩み始めてください。

第3章

本章では、長文を書くことに自信がない方でも効果的に電子書籍を企画・作成できるステップを解説します。

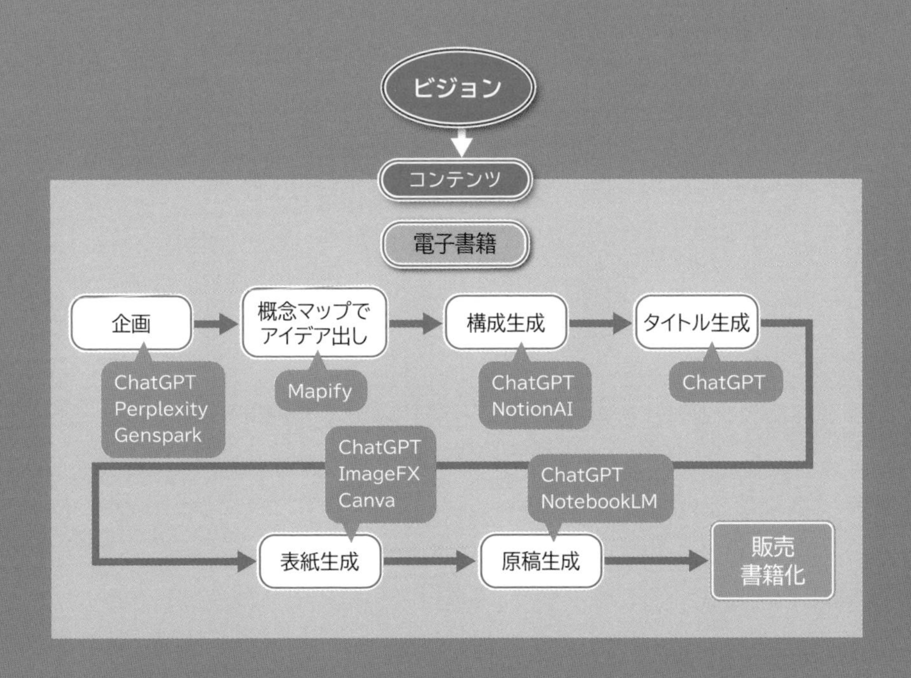

第3章

長文執筆力ゼロでもできる！電子書籍を題材とした企画の作り方

本章では、コンテンツの1つである電子書籍を題材に、具体的な企画フレームワークを用いて企画を立てる方法をお伝えします。長文を書くことに自信がない方でも、効果的に電子書籍を企画・作成できるステップを詳しく解説します。基礎知識から始まり、ビジョンの設定、コンセプト作成、リサーチ、MVPの作成まで、電子書籍を成功させるための実践的な方法を学びましょう。

1 ステップ0：電子書籍の基礎知識を知る

ステップ0では、電子書籍についての基礎知識を学びます。電子書籍とは、デジタル形式で配信される書籍を指し、その種類はビジネス書、小説、漫画など多岐にわたります。近年、電子書籍市場は急速に成長しており、インターネットを介して簡単にアクセスできることから、紙の書籍に代わる新しい読書スタイルとして注目されています。

収益化を目指すならKindle出版が効果的

電子書籍で収益を上げたいと考えているなら、Kindle出版が最適です。Kindle出版は、誰でも手軽に電子書籍を販売できるプラットフォームであり、世界中の読者にリーチできるという強みを持っています。特に、Amazonという巨大なマーケットを活用できるため、自分の作品を多くの人に届けるチャンスが広がります。

2 ステップ1：電子書籍の企画【ビジョン】

ステップ1では、前章で決めたビジョンを再確認します。例えば、「経済的自由を達成し、余暇と娯楽を心から楽しむ」というビジョンがある場合、それが電子書籍を作る目的となります。この目的を達成するためには、何よりも“売れる”電子書籍を作ることが必要です。

しかし、確実に売れる電子書籍を作るのは簡単なことではありません。

それでも、企画段階でアイデアの質を高め、さらに生成AIを活用して制作の時間を短縮し、量を確保することができれば、いずれあなた自身の不労所得マシンを築くことができるでしょう。このように、綿密な企画と効率的な作業が成功への鍵となります。

3 ステップ2：電子書籍の企画【コンセプト】

ステップ2では、「誰の」「どんな課題を」「どうやって」解決するかのコンセプトを明確に決めることが重要です。まずは、電子書籍の対象となる「誰」を決めることから始めます。個人開発の場合、この「誰」は自分自身か、身近な人を対象にすることをお勧めします。理由としては、見知らぬ人を対象にすると、その人の課題に対する理解が浅くなり、情熱を持って取り組むことが難しくなるからです。そのため、例え身近な人でなくても、その人の課題に共感し臨場感を持てるなら、誰を対象に設定しても問題ありません。

具体的な例を挙げて「誰」を設定する

ここでは、仮に過去の自分自身を対象として設定します。

私は20代の大学生で、プログラミングを独学中です。

アイデアリストを作成し、コンセプトの基礎を固める

次に、「誰」に基づいて、解決すべき課題を明確にするためのアイデアリストを作成します。ジョブストーリーフォーマット「～なとき、～したい。そうすれば～できる。」を活用し、具体的なシチュエーションに応じたアイデアをリストアップします。例えば、プログラミングを独学中の大学生をテーマに以下のようなアイデアが考えられます。

プログラミングを独学中の大学生を対象にした電子書籍のアイデアリストの例

- プログラミングを学び始めるとき、効率的な学習の道筋を把握したい。そうすれば自信を持って独学に励める。
- モチベーションが下がったとき、成功事例やアドバイスを読みたい。そうすれば、やる気を取り戻して学習を続けられる。
- プログラミングを習得したいとき、実践的なプロジェクトを参考にしたい。そうすれば、現場で役立つスキルを磨ける。

アイデアが思いつかないときは、生成AI「ChatGPT」に頼る

アイデアがなかなか浮かばないときには、生成AI「ChatGPT」を活用してアイデアのたたき台を出してもらう方法があります。例えば、以下のようなプロンプトを使います。

プロンプト

あなたはプロの企画担当者です。ジョブストーリーフォーマット「～なとき、～したい。そうすれば～できる。」を用いて、XXX（対象となるユーザー）向けのアイデアを10個リストアップしてください。

このプロンプトを入力すると、対象ユーザーに応じた具体的なアイデアを生成してくれます。

アイデアの選定と統合

アイデアリストが完成したら、1つに絞るか、複数のアイデアを統合させます。

今回は「プログラミングを学び始めるとき、効率的な学習の道筋を把握したい。そうすれば、自信を持って独学に励める。」というアイデアを選びました。

アイデアから課題を見つける

次に、アイデアに基づいて代表的な課題を3つ見つけるステップに進みます。ここでは、アイデアの「～したい」という動機に注目し、「～したい。しかし［課題］でできない」の形で課題を挙げることが重要です。

課題の特定方法

課題の特定方法は、顧客候補の対象が自分自身か他者かによって異なります。自分自身が対象の場合、自分で課題を挙げるか、ChatGPT に候補を出させ、その中から「まさにこれだ」と感じる課題を選定します。一方、対象が他者の場合は、直接インタビューを行って課題を特定することが推奨されます。

他者を対象とする場合、ChatGPT で課題を出力するのは避けた方が良いでしょう。なぜなら、AI が生成した課題は、実際のニーズや問題を反映していない「妄想の課題」になってしまう可能性があるからです。人がお金を払ってでも解決したいと考える切実な課題を見つけるためには、実際の顧客候補からのインタビューやフィードバックが最も信頼できる手段となります。

課題リストの例

「プログラミングを学び始めるとき、効率的な学習の道筋を把握したい。しかし、初心者向けの学習ルートが複雑で、何から始めればよいかがわからない。」

「プログラミングを学び始めるとき、効率的な学習の道筋を把握したい。しかし、信頼できる教材が見極めにくく、選択に迷う。」
「プログラミングを学び始めるとき、効率的な学習の道筋を把握したい。しかし、オンライン学習ではその場で学んでも、その後どう進めればいいのかが見えない。」

課題に対する代替手段

課題を洗い出した後は、その課題に対する現在の代替手段を考えることが重要です。代替手段が全く無い場合、その課題自体が実際には存在しない可能性が高いため、再検討が必要です。もし課題が現実に存在するなら、ユーザーはすでに何かしらの手段で部分的にでも解決しようとしているはずです。

代替手段の具体例を挙げる

例えば、「プログラミングを学び始めるとき、効率的な学習の道筋を把握したい。」という課題に対して考えられる代替手段には、以下のようなものがあります。ブログ記事やプログラミング入門書、オンライン学習サービス、プログラミングスクール、または友人や先輩からのアドバイスなどです。

代替手段を知ることの重要性

これらの代替手段を理解することで、既存のソリューションのどこが不十分であるか、またはどのように改善できるかを見極めることができます。この分析を通じて、新しい解決策を考案するための洞察を得ることができるでしょう。

独自の価値を提案する

最後に、課題を「どうやって」解決するかを考えます。これが、提供するサービスや製品の独自の価値となります。

今回のケースで言えば、『「信頼できる学習教材」と「効率的な学習の道筋」

を提供し、「自信を持って独学に取り組める」ようにする電子書籍』が、その独自の価値となります。

コンセプト

今回のコンセプトは、『「プログラミングを独学中の大学生」を対象に、「信頼できる学習教材」と「効率的な学習の道筋」を提供し、「自信を持って独学に取り組める」ようにする電子書籍』です。

4 ステップ3：電子書籍の企画【リサーチ】

ステップ3では、決定したコンセプトが実際に不労所得を生み出すかどうかをリサーチします。不労所得を生み出すためには、自分の「書きたいこと」、自分が「書けること」、そして「求められていること」の3つが揃っている必要があります。特に、「求められていること」についてのリサーチが重要です。

市場のニーズと規模を調査する

具体的には、そのコンテンツに対してお金を払う人がいるか、またその人々がどの程度の規模で存在するか（市場の大きさ）、そしてその需要が今後も継続するかを調査します。これにより、誰も欲しがらないコンテンツを作るリスクを回避できます。

マーケティングの分析手法を活用する

リサーチの手段としては、マーケティングにおける3つの分析が役立ちます。まず、「世界の分析（PEST分析）」では、政治、経済、社会、技術といったマクロ環境を評価します。次に、「業界の分析（5フォース分析）」を行い、業界内の競争状況や脅威を把握します。そして、「市場の分析（3C分析）」を通じて、顧客、競合、自社の視点から市場を理解します。これらの分析結果を整理した「SWOT 分析」で環境を総合的に評価し、コンテンツの成功可能性を見極めます。このようなリサーチやプロモーションプランの考案・実行は、大規模なプロジェクトでは広告代理店に依頼し、数百万円から数億円の費用がかかることもあります。しかし、AI を活用すれば、質はプロの手によるものには遠く及びませんが、無料で数十分で完了させることが可能です。

不労所得マシンの位置づけ

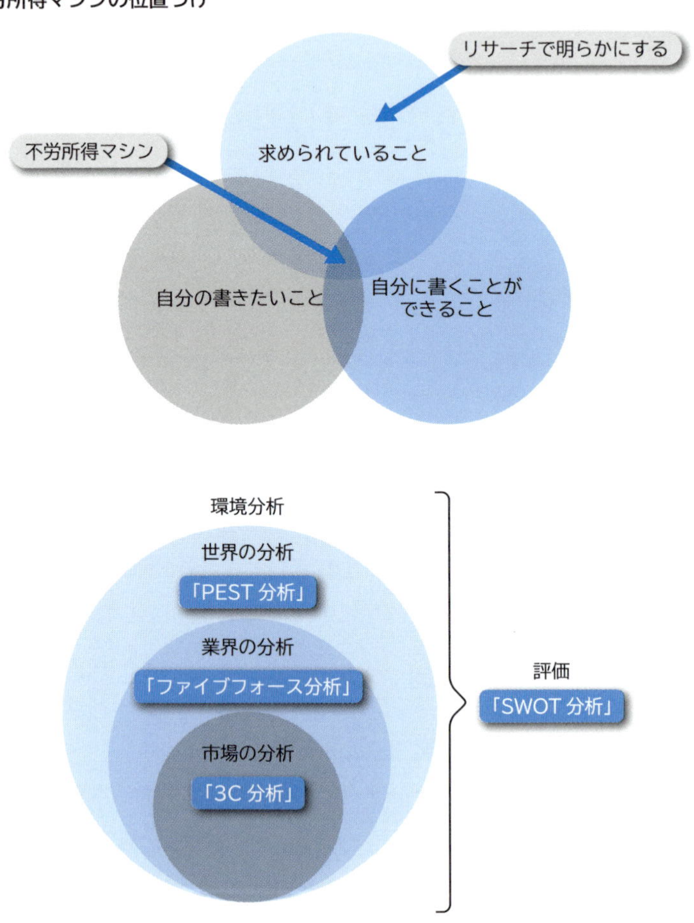

リサーチを AI で行う

リサーチのたたき台の作成は生成 AI を活用します。

分析に最適な AI として「GPT-4o」があります。執筆時点で最も質が高いとされる GPT-4o の結果を本書では表示しますが、他の無料モデルでも問題ありません[*1]。

PEST 分析

PEST 分析とは、ビジネス環境を評価するために使用される手法であり、外部環境の変化が企業に与える影響を理解するためのフレームワークです。この分析は、「政治」(Political)、「経済」(Economic)、「社会」(Social)、「技術」(Technological) の 4 つの要素から成り立っています。それぞれの要素が企業の戦略や意思決定にどのように影響するかを考察することで、より包括的なビジネス戦略を立案することが可能になります。

プロンプト

あなたはプロのマーケターです。「プログラミングを独学中の大学生」を対象に、「信頼できる学習教材」と「効率的な学習の道筋」を提供し、「自信を持って独学に取り組める」ようにする電子書籍の PEST 分析の結果を出力してください。

*1 参考Comparison of AI Models across Quality, Performance, Price ¦ Artificial Analysis
https://artificialanalysis.ai/models

ChatGPTによるPEST分析例

P

・教育政策の推進
多くの国で、プログラミング教育が初等・中等教育に取り入れられています。これにより、プログラミングへの関心が高まり、大学生の独学ニーズも増加しています。

・政府のデジタル化支援
デジタルスキルの習得が重要視され、各国政府がプログラミング教育を支援する政策を打ち出しています。これにより、プログラミング関連の教材やリソースの需要が増加しています。

E

・学生の購買力
大学生の経済状況は限定的であることが多く、低価格かつ高価値な電子書籍の需要が高いです。電子書籍は紙の書籍よりも低コストで提供できるため、価格競争力があります。

・政府のデジタル化支援
プログラミングスキルの需要が高まる中、IT業界の成長が続いています。これにより、学生がプログラミングを学ぶインセンティブが強まり、信頼できる教材の需要が増加します。

S

・独学の傾向
インターネットの普及により、自己学習が一般的になってきています。特に大学生は、学校外での自主的な学習を重視する傾向があります。これにより、独学用の教材への需要が高まっています。

・デジタルリテラシーの向上
現代の大学生はデジタルネイティブ世代であり、オンラインでの学習に慣れています。そのため、電子書籍を利用した学習に対する抵抗感が少なく、容易に取り入れられる可能性が高いです。

T

・電子書籍プラットフォームの普及
Amazon Kindle や Apple Books など、電子書籍プラットフォームの普及により、手軽にアクセスできる信頼性の高い教材が求められています。

・技術革新
学習管理システム（LMS）や AI を活用した個別学習支援ツールの進化により、電子書籍が単なる読み物ではなく、インタラクティブな学習ツールとして進化しています。

AI を活用してキーワードを把握し、企画のリスクを最小化する方法

フレームワークとは、企画や戦略を立てる際に役立つチェックリストのようなものです。これを活用することで、AI の分析を通じて思考の抜け漏れを防ぎ、より効果的な企画を進めることができます。

例えば、PEST 分析の結果を確認すると、「大学生の経済状況は限定的」というキーワードが挙がっています。これにより、ターゲットとして設定した大学生が、本当に企画の目的を達成できる適切な属性なのか、売り方を工夫するのか、検討する必要性が出てきます。

規約確認と企画の継続判断

AIの分析には含まれていない場合でも、例えば電子書籍プラットフォームの規約で生成AIによるコンテンツ作成が禁止されている場合、その時点で企画をストップし、次のアイデアに移るという判断が求められます。また、社会的なリスクとして、生成AIで作成された電子書籍が炎上する可能性があると判明した場合も、その情報に基づいて企画を再考することが重要です。

このように、AIの分析結果とフレームワークを併用することで、企画の潜在的なリスクを早期に発見し、それに対する対応策を講じることができます。結果として、企画のリスクを最小限に抑えつつ、成功の可能性を高めることが可能となります。

5フォース分析

5フォース分析（Porter's Five Forces Analysis）は、マイケル・ポーターが提唱したフレームワークで、業界の競争環境を評価するための手法です。これにより、企業がどのように競争優位を確立し、維持できるかを理解することができます。

プロンプト

あなたはプロのマーケターです。「プログラミングを独学中の大学生」を対象に、「信頼できる学習教材」と「効率的な学習の道筋」を提供し、「自信を持って独学に取り組める」ようにする電子書籍の5フォース分析の結果を出力してください。

以下はChatGPTの回答です。

ChatGPTによる5フォース分析例

新規参入業者

参入障壁：電子書籍市場は参入が比較的容易で、個人でも手軽に出版できるため、新規参入者が多いです。しかし、信頼性の高い学習教材を提供するには、専門知識や経験が必要であり、それが参入障壁となる場合もあります。

ブランド力と信頼性：信頼できる教材として認識されるためには、ブランド力や実績が重要です。すでに確立されたブランドや著者に比べ、新規参入者は信頼を築くまでに時間がかかる可能性があります。

売り手

著者の専門性：学習教材の質は著者の専門性に依存するため、著者が優れたスキルや経験を持つ場合、供給者の交渉力が高まります。プログラミングの専門家が執筆する電子書籍は、高い価値を持つことができます。

電子書籍プラットフォームの選択肢：Amazon KindleやApple Booksなど、多くのプラットフォームが存在するため、供給者側（著者や出版社）は複数のチャネルを活用できる余地があります。このため、特定のプラットフォームへの依存度が低く、供給者の交渉力は比較的強いです。

競争業者

競争の激しさ：電子書籍市場には多くの競合が存在し、特にプログラミング関連の教材は競争が激しいです。既に実績のある著者や出版社が市場に参入しており、差別化が難しい状況です。

差別化要素：高品質なコンテンツ、独自の視点、優れたユーザーエクスペリエンスなどを提供することで、競合との差別化を図ることができます。また、顧客レビューや評価が重要な差別化要素となります。

代替品

無料リソースの存在：無料のオンラインチュートリアル、YouTube動画、オープンソースの学習リソースなどが代替品として存在します。これらは手軽にアクセスできるため、代替品の脅威は高いです。

プログラミングスクールやコース：専門学校やオンラインプログラミングコースなど、有料の対面指導やオンライン講座も強力な代替品となり得ます。これらはより深い学習体験を提供するため、電子書籍に対する代替品として考えられます。

買い手

選択肢の多さ：顧客（大学生）は、無料のオンラインリソースや低価格の学習教材を含め、多くの選択肢を持っています。このため、顧客の交渉力は高く、価格競争が激しくなります。

価格感受性：大学生は価格に敏感なため、コストパフォーマンスの高い教材を求めます。高品質でありながら手頃な価格設定が求められ、これに応えられない場合、他の選択肢に流れる可能性があります。

3C分析

3C分析とは、ビジネスやマーケティングにおいて重要な分析手法の一つであり、市場環境を理解するためのフレームワークです。この分析は、主に以下の3つの要素から構成されています。

顧客（Customer）：ターゲット市場や顧客のニーズ、行動を理解することが重要です。顧客のセグメントや購買動機、購買パターンなどを詳細に分析します。
競合（Competitor）：競合他社の強みや弱み、戦略、シェアを分析します。競合他社の動向を把握することで、自社のポジショニングや差別化戦略を策定する材料となります。
自社（Company）：自社の強みや弱み、リソース、能力を評価します。内部環境を把握することで、競争優位性を築くための戦略を立案することができます。

3

3C分析には、顧客や自社に関するChatGPTが知らない情報が必要になるため、プロンプトに「不足している情報がある場合は質問してください」と追加しましょう。こうしてAIが提示した質問に自分で答えることで、より正確な分析が可能になります。

プロンプト

あなたはプロのマーケターです。「プログラミングを独学中の大学生」を対象に、「信頼できる学習教材」と「効率的な学習の道筋」を提供し、「自信を持って独学に取り組める」ようにする電子書籍の3C分析の結果を出力してください。
3C分析で不足している情報がある場合は質問をして、その回答をふまえて3C分析の結果を出力してください。

以下はChatGPTの回答例です。

3C分析を進めるために、まず3つの要素（Customer、Competitor、Company）について情報が必要です。いくつか質問させてください。その後、いただいた情報を基に分析を行います。

1. Customer（顧客）

o この電子書籍を購入する「プログラミングを独学中の大学生」の具体的なニーズや課題は何ですか？

o 顧客層は特定のプログラミング言語に特化していますか？それとも幅広い言語に対応するニーズがありますか？

2. Competitor（競合）

o 同じターゲット層に向けた競合の電子書籍や学習教材について、どのようなものが存在していますか？

o それらの競合製品が提供する主な強みや弱みは何でしょうか？

3. Company（自社）

o この電子書籍を作成・提供するあなた（または企業）の強みやリソースは何ですか？（例：専門的な知識、信頼性のあるブランド、マーケティングチャネルなど）

o 電子書籍の販売チャネルやプロモーション方法について、どのような計画がありますか？

これらの質問にご回答いただければ、より具体的で精度の高い3C分析を行うことができます。

この質問に回答すると、以下のように3C分析の結果が出力されます。

ChatGPTによる3C分析例

Customer（顧客）

ニーズと課題：プログラミングを学び始める大学生は、効率的な学習の道筋を把握したいと考えていますが、初心者向けの学習ルートが複雑で、何から始めればよいかがわからないという課題に直面しています。また、信頼できる教材を見極めるのが難しく、オンライン学習では次に何をすべきかが見えないという問題もあります。これらの課題を解決するために、幅広いプログラミング言語に対応し、明確な学習ルートを示す教材が求められています。

Company（自社）

強みとリソース：自社（または著者）の強みとして、プログラミングにおける40件以上の受賞実績、博士（工学）としての体系的な知識、独学でのプログラミング習得経験、そして学習工学の専門家としての効果的な学習方法の知識が挙げられます。これにより、信頼性が高く、実践的かつ効果的な学習教材を提供できる点が強みです。

販売チャネルとプロモーション：電子書籍の販売に際しては、プログラミング学習コミュニティやSNS、ブログでの宣伝を計画しています。これにより、ターゲット層である独学中の大学生に直接リーチし、ニーズに応えるプロモーションが可能です。

Competitor（競合）

オンラインプログラミング学習サービス：これらのサービスは、体系的なカリキュラムやインタラクティブな学習環境を提供し、進捗管理が容易でモチベーション維持に優れています。しかし、コストが高く、学習スタイルが合わない場合や柔軟性に欠ける場合があります。

無料のブログや動画：無料で利用できる豊富な選択肢があり、特定の課題解決に有効です。しかし、体系的な学習が難しく、信頼性にばらつきがあり、サポートが不足しています。

プログラミング入門の電子書籍：体系的な内容で深い理解が得られ、携帯性が高く、コストパフォーマンスが良い点が強みです。しかし、インタラクティブ性に欠け、効率的な学習方法を学べないため、ネクストアクションが取りづらいという弱点があります。

AIの分析を精査する

ここまででAIを使ってPEST分析、5フォース分析、3C分析を行ってきましたが、最後にそれらの分析を整理するためにSWOT分析を行います。その前に、AIの分析結果を精査することが重要です。精査とは具体的に、事実確認と市場規模の確認を指します。ここでは、AIによる事実確認と公式ドキュメントの参照、キーワードプランナーによる市場規模の確認という3つの方法について説明します。

事実確認に役立つAI検索ツール：Perplexty と Genspark

ChatGPTは便利ですが、回答の出所が不明なため、正確性を完全には保証できません。例えば、私がLINEスタンプの生成についてChatGPTに分析を依頼した際、「ユーザーレビューと評価機能」に関する記述がありましたが、実際にはLINEスタンプにはそのような機能は存在しません。このようなハルシネーションのリスクがあるため、AIの分析結果を鵜呑みにせず、必要に応じて確認することが大切です。

この課題を解決するために有効なのがPerplextyとGensparkです。これらのツールはAIに質問して検索結果を提供するもので、回答とともに既存のウェブページへのリンクも提示されるため、出所を自分で確認できます。どちらを使っても問題ありませんが、現時点でお勧めなのはGensparkです。理由は、現在ベータ版が無料で、豊富な機能を利用できるからです。たとえば、ユーザーがAIの回答に基づいて記事を書く機能は、Perplextyでは有料ですが、Gensparkでは無料で利用できます。

ただし、PerplextyやGensparkを使用する際にも注意が必要です。それは情報源の信頼性です。これらのツールは最新の公式ドキュメントだけでなく、個人ブログなど様々な情報源からデータを集めるため、参照する記事の執筆時期もまちまちです。例えば、私がLINEスタンプについてこれらのツールで分析した際、「10代～20代が主要なターゲット」との回答がありましたが、そのデータ元である「TesTeeによる若年層のLINEスタンプ事情に関する調査結果」は2017年3月のもので、当時の10代、20代は現在では20代、30代です。

このように、AIによる分析は迅速で便利ですが、情報の信頼性については課題が残るため、慎重な確認が求められます。

Genspark

https://www.genspark.ai/

Perplexity

https://www.perplexity.ai/

最も信頼性の高い情報源は公式情報

生成AIの回答に疑問を感じた際は、公式の情報を参照しましょう。例えば、LINEスタンプの例では、LINE Business Guideによると、現在の主要な購入層は30代～40代が多いことが示されています。公式の情報は必ずしも全ての質問に答えられるわけではありませんが、信頼性が高いので積極的に活用しましょう。その他にも、政府の白書、技術分野の公式ドキュメント、Web3分野のホワイトペーパーなどが信頼できる情報源です。

キーワードプランナーによる需要の確認

生成AIの分析結果だけでは市場規模の把握が難しい場合があります。たとえ「需要がある」と記されていても、それがどの程度なのかは確認が難しいのです。そこで役立つのが検索キーワードのボリュームを調べることです。検索ボリュームが高いことはそれだけ悩みを抱えている人が多いことを意味します。検索ボリュームは、ブログ執筆や電子書籍制作においても需要の大まかな指標になります。これにはGoogleのキーワードプランナーを活用します。キーワードプランナーは、キーワード候補や検索ボリュームを調査できるGoogleの無料ツールです。

以下の画面は、「プログラミング 独学」をキーワードプランナーで調べた結果です。月間平均検索ボリュームは1000～1万となっており、個人が狙うにはちょうど良いボリュームです。

キーワードプランナーで「プログラミング 独学」を調べた例

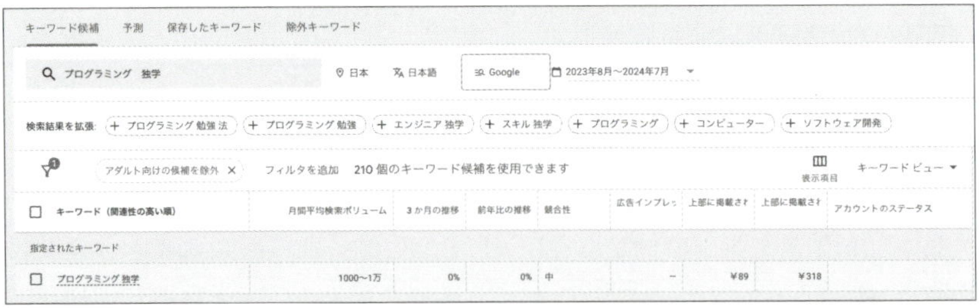

キーワード候補　予測　保存したキーワード　除外キーワード

プログラミング　独学　日本　日本語　Google　2023年8月～2024年7月

検索結果を拡張: + プログラミング 勉強 法　+ プログラミング 勉強　+ エンジニア 独学　+ スキル 独学　+ プログラミング　+ コンピューター　+ ソフトウェア開発

アダルト向けの候補を除外　フィルタを追加　210 個のキーワード候補を使用できます　表示項目　キーワード ビュー

キーワード（関連性の高い順）	月間平均検索ボリューム	3 か月の推移	前年比の推移	競合性	広告インプレッ	上部に掲載され	上部に掲載され	アカウントのステータス
指定されたキーワード								
プログラミング 独学	1000～1万	0%	0%	中	–	¥89	¥318	

以下は、異なる検索ボリュームの例とその特徴です。

10万～100万（例：プログラミング）：非常に需要が多いキーワードですが、それに伴い競合も多く、個人のコンテンツが上位表示されるのは難しいです。

1万～10万（例：プログラミング スクール）：需要は高く、競合もある程度存在しますが、ニッチなアプローチや差別化したコンテンツで狙う価値があります。

1000～1万（例：プログラミング　独学）：個人にとって狙いやすいボリュームで、競合とのバランスが取れています。

100～1000：（例：Python　独学）：よりニッチな分野に適しており、特定のターゲット層に向けて狙いやすいキーワードです。

10～100（例：プログラミング　高校生　独学）：検索ボリュームは少ないですが、競合も少ないため、特定のターゲット層に対して効果的に訴求できる可能性があります。今後伸びる見込みが無ければ狙わないほうが無難です。

SWOT分析

SWOT分析では、これまでに行った分析結果を整理します。具体的には、ChatGPTにPEST分析、5フォース分析、3C分析の結果をテキストで入力し、これらを読み込ませて整理させます。この際、読み込ませる分析結果には、前のページで精査した内容を反映させておくことが重要です。

プロンプト

あなたはプロのマーケターです。 以下の PEST 分析、5 フォース分析、3C 分析の結果を下に、SWOT 分析を行ってください。

以下は ChatGPT の回答です。

ChatGPTによるSWOT分析例

強み

1. 専門的な知識と実績： 自社（または著者）は、プログラミングでの 40 件以上の受賞実績を持ち、博士（工学）としての体系的な知識と独学でのプログラミング習得経験があるため、信頼性の高い教材を提供できます。また、学習工学の専門家として効果的な学習方法を熟知しており、これが大きな強みとなります。

2. 販売チャネルとプロモーション： プログラミング学習コミュニティや SNS、ブログなど、ターゲット層に直接リーチできる販売チャネルとプロモーション戦略を持っていることも強みです。

3. 低コストで高価値： 電子書籍は紙の書籍よりも低コストで提供できるため、価格競争力があり、学生層にも訴求しやすいです。

弱み

・競争の激しさ： 電子書籍市場には多くの競合が存在し、特にプログラミング関連の教材では差別化が難しい状況です。既に実績のある著者や出版社と競争する中で、新規参入者として信頼を築くまでに時間がかかる可能性があります。

・インタラクティブ性の欠如： 電子書籍として提供されるため、オンラインプログラミング学習サービスのようなインタラクティブ性が欠けることが弱みとなり得ます。これは、読者が実践的なスキルを身につける際のハードルとなる可能性があります。

機会

1. プログラミング教育の推進： 多くの国でプログラミング教育が推進されており、デジタルスキルの重要性が増しています。これにより、プログラミング教材への需要が高まっており、特に独学用の教材として電子書籍の市場が拡大する可能性があります。

2. デジタルリテラシーの向上： 現代の大学生はデジタルネイティブ世代であり、オンライン学習に対する抵抗感が少ないため、電子書籍を通じた学習が広く受け入れられる可能性があります。

3. 新技術の活用： 学習管理システム（LMS）や AI を活用した個別学習支援ツールなど、技術革新によって電子書籍がインタラクティブな学習ツールとして進化する可能性があります。これにより、従来の電子書籍とは異なる価値を提供する機会が生まれます。

脅威

1. 価格競争： 無料のブログや YouTube などのオンラインリソースが豊富に存在するため、価格競争が激しくなり、電子書籍の収益性が圧迫される可能性があります。

2. 代替品の存在： プログラミングスクールや有料のオンラインプログラミングコースが強力な代替品となり、より深い学習体験を提供するため、電子書籍に対する需要が減少するリスクがあります。

3. 市場の競争過多： 競合が多く、特に実績のあるブランドや著者が市場を占有しているため、新規参入者が市場でのシェアを獲得するのが難しい可能性があります。

このSWOT分析の結果をもとにChatGPTにアイデアを考えさせます。

プロンプト

あなたはプロの企画担当です。
この SWOT 分析からもたらされる勝機のある電子書籍は具体的にどのような内容ですか？

AI 回答例

この SWOT 分析から導かれる勝機のある電子書籍の内容は、以下のような特徴を持つと効果的です。

勝機のある電子書籍の内容

1. 学習パスの明確化とカスタマイズ性

* 効率的な学習パスを提供：初心者が直面する「何から始めればよいかがわからない」という課題を解決するために、電子書籍内で明確かつカスタマイズ可能な学習パスを提供します。読者が選択するプログラミング言語や目標に応じて、最適な学習ステップを段階的に示します。

2. インタラクティブな要素の導入

* 実践的な演習とフィードバック：新技術を活用して、電子書籍にインタラクティブな要素を取り入れます。例えば、コードを実際に書きながら進められる演習や、AI を使った自動フィードバックシステムを導入することで、単なる読み物以上の価値を提供します。

3. 幅広い言語に対応した教材

* 複数言語のサポート：顧客のニーズが幅広いプログラミング言語に対応しているため、主要な言語（Python、JavaScript、Java、C++ など）

の基本と応用がカバーされている内容を提供します。これにより、読者は自分の目標に合った言語を選び、学習を進めることができます。

4. 信頼性と実績を強調したコンテンツ
* 著者の専門性を活かした解説：プログラミングでの受賞実績や博士（工学）の知識、独学の経験を前面に押し出し、信頼性のある解説を提供します。特に、難しい概念や技術を分かりやすく伝える工夫を取り入れ、初心者が挫折しにくいようサポートします。

5. コストパフォーマンスの高い価格設定
* 手頃な価格で高価値を提供：学生の購買力が限られていることを踏まえ、手頃な価格で提供しつつ、内容の充実度やインタラクティブ性を高めることで、価格以上の価値を感じてもらえる電子書籍とします。

6. 持続的なサポートとコミュニティの提供
* オンラインサポートやフォローアップ：電子書籍の購入者向けに、専用のオンラインサポートやコミュニティを提供します。これにより、学習中の質問や悩みを共有できる場を作り、長期的な学習支援を行います。

具体的な電子書籍の内容例
*「ゼロから学ぶプログラミング：あなたに合った最適な学習ルート」
o 学習開始時のガイダンスから、特定のプログラミング言語ごとの基礎、実践演習、プロジェクト作成まで、段階的に進めることができる内容。
*「インタラクティブなプログラミング学習：実践を通して学ぶ」
o 各章ごとに実際にコードを書いて試せる環境を提供し、AI がリアルタイムでフィードバックを返す内容。
*「プログラミング言語の選び方とその応用」

3

o 目的別に最適なプログラミング言語を選び、その言語の応用を効率的に学べるように構成された内容。
このような電子書籍は、競争の激しい市場でも差別化を図り、ターゲット層にしっかりと訴求することができるでしょう。

リサーチ結果をもとに、コンテンツ内容を具体化する

今回のコンセプトは、「プログラミングを独学中の大学生」を対象に、「信頼できる学習教材」と「効率的な学習の道筋」を提供し、「自信を持って独学に取り組める」ようにする電子書籍です。このリサーチをもとに、コンテンツの内容を固めていきます。

目的別に最適なプログラミング言語を選び、効率的に学べる内容にする

コンテンツは、学生が自身の目的に合ったプログラミング言語を選び、その言語を効率的に応用できるように構成されます。例えば、ウェブ開発、データサイエンス、モバイルアプリ開発といった目的ごとに最適な言語を提案し、それぞれの学習ステップを段階的に示します。

コストパフォーマンスの高い価格設定で提供する

この電子書籍は、学生層に配慮し、コストパフォーマンスを重視した価格設定を行います。具体的には、Kindle Unlimited で無料で読める形で配信することで、より多くの学生が手軽にアクセスできるようにします。この戦略により、経済的に余裕がない学生にも広く利用されることを目指します。

書き始める前に、需要とコンセプトの確認が必要

具体的な内容が固まってきたため、早く書き始めたいと感じるかもしれません。しかし、まだこのコンテンツが本当に需要があるのか、コンセプ

トが適切かを確認できていません。ここで焦って進めるのではなく、次のステップでMVP（Minimum Viable Product）を作成し、低コストでコンテンツの需要を確認することが重要です。

5 ステップ4：電子書籍の企画【MVP】

ステップ4では、MVP（Minimum Viable Product）を活用し、最小限の機能を持つ製品を早期に市場に投入し、顧客からフィードバックを得ることが目的です。MVPの導入は、コストとリスクの低減、市場適応性の検証、そして編集者の不在という3つの理由から特に重要です。電子書籍のMVPには、noteでの試作、目次、表紙のデザイン、ランディングページの作成などがあります。

コストとリスクの低減を目指す

MVPが必要な理由の1つは、コストとリスクの低減です。完全な書籍を作成する前に、最小限のコンテンツで市場に出すことで、時間とコストを節約できます。例えば、長期間をかけて書いた本が市場で受け入れられなかった場合、その時間と労力は大きな損失となります。しかし、MVPとして小規模に市場に投入することで、初期のフィードバックを得て改善を繰り返し、読者のニーズに合った内容に進化させることができます。

市場適応性を迅速に検証する

MVPが必要な理由の2つ目は、市場適応性の検証です。初期段階で簡単なコンテンツをリリースすることで、読者の反応を迅速に確認できます。これにより、コンテンツの方向性やテーマの人気度を評価し、必要に応じて改善点を見つけることができます。市場での反応を早期に知ることで、大規模な改変をする前に方向性を修正できます。

編集者の不在を補完するための工夫

MVP が必要な理由の３つ目は、編集者の不在です。電子書籍の個人出版における課題の一つは、編集者がつかないことです。編集者は、書籍が市場で受け入れられるかを判断し、内容をブラッシュアップする重要な役割を担います。しかし、個人出版では編集者がいないため、著者自らが編集者の役割を担う必要があります。この際、顧客候補となる知人に編集の役割を依頼し、フィードバックを受けることで、書籍の品質を高めることが可能です。

実際のフィードバックが書籍を進化させる

私自身の著書も、顧客候補からのフィードバックによって大きく改善されました。例えば、表紙とタイトルについて、「Before」のまま出版していたら、今ほどの売れ行きはなかったでしょう。表紙と目次を知人に送り、タイトルと内容の一致やデザインの質に関するコメントをもらうことで、内容を再考し、より良い形に仕上げることができました。

MVP の導入は、書籍の品質を高め、リスクを最小限に抑えながら、成功の可能性を高めるための重要なステップです。

表紙とタイトル、「Before」「After」

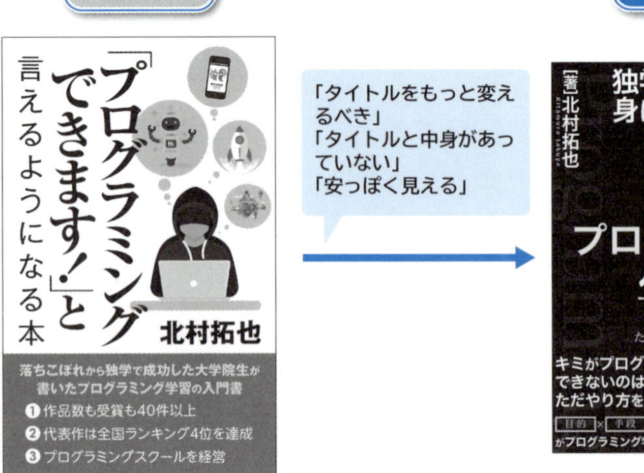

MVP の種類を理解し、電子書籍の成功に繋げる

電子書籍の MVP（Minimum Viable Product）には、エレベーターピッチ、表紙、note、ランディングページ（LP）の作成、など、さまざまな種類があります。これらの MVP を活用することで、市場での需要を早期に確認し、出版前にリスクを低減することが可能です。

エレベーターピッチで商品コンセプトを簡潔に伝える

MVP の 1 つであるエレベーターピッチは、短時間で商品やサービスの魅力を簡潔に伝えるための口頭での紹介です。以下のテンプレートに沿って作成します。

＊[潜在的な課題の解決] をしたい [顧客] 向けの、
＊[タイトル] という電子書籍は、
＊[カテゴリー] の書籍です。
＊これは、[重要な利点、対価に見合う説得力のある理由] ができ、
＊[代替手段] とは違って、
＊[差別化できる独自の価値] が備わっています。

この紹介を顧客候補にプレゼンまたは送付し、実際にこのような本があれば購入するかどうかを確認しましょう。これにより、コンセプトの適切性や市場での需要を迅速に把握できます。

表紙デザインで初期フィードバックを得る

MVP の 1 つである表紙とは、電子書籍の表紙デザインを指します。原稿を完成させる前に表紙を作り、顧客候補に見せることで、出版前にデザインやコンセプトの需要を確認できます。表紙は読者に対する第一印象を左右する重要な要素であり、ここで得たフィードバックを基にデザインを改善することで、読者の関心を引く可能性が高まります。

note で需要を確認する

note（ノート）は、創作をする人、それを応援する人のための Web サービスです。この note に試しに記事を書いて公開することで、コンセプトや内容がターゲット読者にどのように受け入れられるかを確認できます。読者からのフィードバックやアクセス数、シェア数などを通じて、コンテンツの市場適応性を測ることができます。

ランディングページ（LP）で需要と興味を測る

MVP の 1 つである書籍紹介のランディングページ（LP）は、書籍の紹介とメールアドレスの収集を目的とした Web ページです。書籍を完成させる前に LP を作成し、需要を確認することで、出版後のプロモーションにも活用できます。LP は無料で作成できる Web ページ作成サービス（WIX やペライチなど）を利用すると便利です。メールアドレスを収集することで、読者の関心を測りつつ、出版後に効率的なマーケティングが可能となります。

実際に私が作成した書籍販促用の LP が以下です。

書籍販促用のLP

これらのMVPを活用して、電子書籍の出版プロセスを低リスクで進め、成功に近づけることができます。

6 ステップ5：電子書籍の企画【マネタイズ計画】

このステップでは、電子書籍の収益化を実現するために、販売場所の選定、売上の流れ、必要な費用、販売価格を決めることが含まれます。これにより、効率的に収益を上げるための戦略を具体化します。

電子書籍の販売場所はAmazonが最適

電子書籍の最大のプラットフォームはAmazonのKindleです。販売場所の選定では、Amazonでの独占販売か、複数のプラットフォーム（楽天KoboやDMMブックスなど）での販売のどちらかが一般的です。Amazonで独占販売するメリットは、印税率が70%になる点です。独占しない場合は、印税率は35%に低下します。売上のほとんどがAmazonからくると予想されるため、現時点ではAmazonでの独占販売が推奨されます。

売上の流れを理解する

売上は、有料販売による印税とKDPセレクト（Kindle Direct Publishing Select）による読まれたページ数に基づく報酬から成ります。KDPセレクトは、Amazonでの独占販売を条件に、ロイヤリティの向上や読まれたページ数に基づく報酬などの恩恵を受けられるプログラムです。

* **独占販売**：KDPセレクトに登録する場合、電子書籍はAmazonでのみ販売され、他のプラットフォームでは販売できません。
* **ロイヤリティの向上**：価格に応じて35%または70%の印税を受け

取れます。KDPセレクトに登録しない場合は、ロイヤリティは30%です。
＊ 読まれたページ数に基づく報酬：Kindle Unlimited（KU）やKindle Owners' Lending Library（KOLL）での利用に応じて、読まれたページ数に基づく報酬を受け取れます。

KDPセレクトを活用して販売戦略を強化する

KDPセレクトに参加することで、Kindle UnlimitedやKOLLの利用者にアプローチでき、読者層が拡大します。また、90日間に1回、5日間の無料プロモーションを実施でき、多くの読者にリーチできます。70%のロイヤリティとページごとの報酬で、収益を増加させるチャンスも広がります。

必要な費用は最小限に抑えられる

Kindle出版では、基本的に費用はかかりません。Microsoft Wordがあれば簡単に出版でき、表紙もAIを活用して自分で作成できます。これにより、コストを抑えつつプロ品質の電子書籍を作成できます。

価格設定には戦略が必要

価格設定は戦略的に行うべきです。初期段階では低価格に設定し、評価やレビューが集まった後に価格を引き上げる方法が効果的です。最初の購入者はリスクを取るため、安価に提供することで購買意欲を高められます。価格を一時的に下げることで、顧客に“いま買う理由”を提供するのも有効です。

初期価格設定：類似書籍の価格を確認し、それよりも安い価格で出品します。例として、「独学で身につけるためのプログラミング学習術」は最初500円で提供し、数ヶ月後に980円に値上げしました。
価格帯：価格は250円以上、1250円以下に設定します。KDPセレクトに登録している場合、この価格帯で印税率が70%となるためです。他の価格帯では印税率が35%に下がります。

仮説を立てて価格を設定し、売れ行きを見ながら柔軟に修正することが成功への鍵となります。

7 ステップ6：電子書籍の企画【プロモーション計画】

電子書籍のプロモーション計画を立てる

このステップ6では、Kindle書籍のプロモーション方法として、ベストセラーとなる方法、主要な宣伝手段、レビューへの対応、著者セントラルへの登録の4つの重要なポイントについて説明します。

ベストセラーになるための戦略

Amazonでベストセラーになると、検索結果に「ベストセラー」の表記が付き、さらに販促効果が期待できます。ベストセラーを取るには、適切なカテゴリーを選択することが重要です。売れることが前提ですが、場合によってはカテゴリーを変更することで、さらに効果的に売上を伸ばすことができます。

Amazonでベストセラー

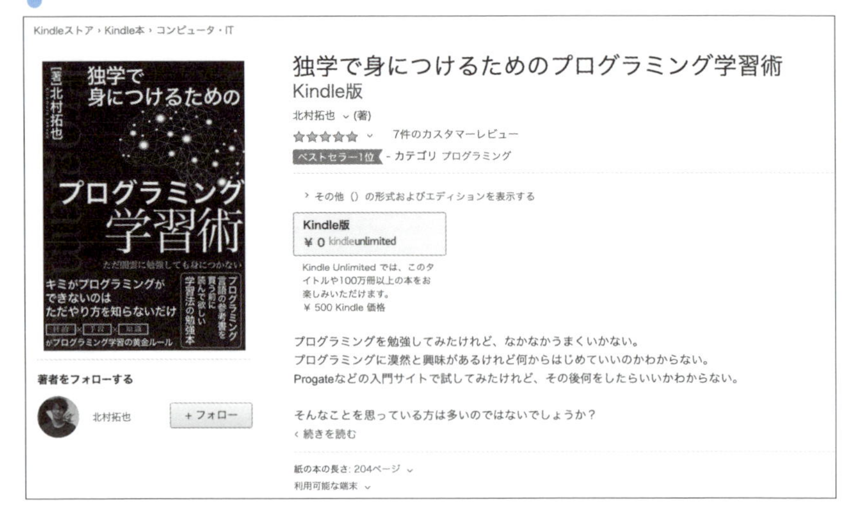

カテゴリーの変更方法を知る

Amazonでは、本のカテゴリーは自動的に設定されますが、適切でない場合は変更が必要です。自分でカテゴリーを変更する方法や、Amazonのカスタマーサポートに依頼して変更してもらう方法があります。正しいカテゴリーに設定することで、読者が本を見つけやすくなり、販売促進につながります。カテゴリー内で一位を取ることでベストセラー表記がつきます。

3つのカテゴリーで1位

Amazon 売れ筋ランキング: Kindleストア 有料タイトル - 67位 (Kindleストア 有料タイトルの売れ筋ランキングを見る)
1位 ─ Kindleストア > Kindle本 > コンピュータ・IT > **コンピュータサイエンス**
1位 ─ Kindleストア > Kindle本 > コンピュータ・IT > **プログラミング**
1位 ─ Kindleストア > Kindle本 > コンピュータ・IT > **インターネット・Web開発**

Kindle書籍の主な宣伝手段

Kindle書籍の宣伝には、SNS、コミュニティ、ブログなどがあります。特にSNSでは、Facebook、X(Twitter)、Instagramが有効です。SNSを活用してターゲット層にリーチし、継続的に宣伝活動を行うことが重要です。また、ブログを通じて本の内容を紹介し、補足情報や進捗状況を共有することで、読者とのつながりを強化しましょう。

レビューの評価を高めるためのポイント

レビューに返信することで、評価が改善されることがあります。出版後も継続的にフィードバックを受け入れ、原稿を改善していく姿勢が大切です。顧客との良好な関係を築くことで、次回作への購入促進にもつながります。私の書籍に対するレビューへの返信は、すべて以下のページで公開しています。以前はAmazonのページ内で直接返信できましたが、現在その機能は廃止されているため、レビュー返信専用のページを自分で用意する必要があります。

https://rebron.net/blog/contentlist/

著者セントラルに登録してプロフィールを充実させる

著者セントラルに登録することで、Amazon上に著者のプロフィールページを作成できます。売上ランキングやカスタマーレビューの管理が可能で、著者ページではプロフィールや写真、動画を追加できます。信頼度を上げるために本名と顔写真を掲載することがお勧めですが、匿名でもアイコンとプロフィールを必ず入力しましょう。著者ページを充実させることで、読者の信頼を得やすくなり、購入意欲を高める効果があります。

これらのプロモーション戦略を実行することで、電子書籍の売上を最大化し、成功への道を切り開くことができます。次に、無名で元手のない個人が実際に電子書籍をどのようにプロモーションしたかをご紹介します。

実際の成功体験：ベストセラー3部門1位、月商100万円超えの軌跡

無名で元手のない個人が、どのようにして電子書籍をプロモーションし、ベストセラー3部門で1位を獲得、月の売上を100万円超えに導いたのか、その具体的なプロセスをご紹介します。戦略を一言で表すと「コストがか

からず売上につながりそうなプロモーションはすべて試してみる」というシンプルなものです。

その中でも効果のあった施策、逆に効果がなかった方法について詳しくお伝えします。以下は販売開始から1ヶ月間の売上グラフで、最も多い日には124冊の有料注文が入りました。この間に行った具体的な施策として、ツイートの投稿、診断サービスのリリース、ブログ記事の執筆、コミュニティでの宣伝などがあります。それぞれの取り組みがどのように売上に影響したのかを詳しく解説していきます。販売を開始したのは6年前の2018年で、ありがたいことにいまだに売上があります。

販売開始から1ヶ月間の売上グラフ

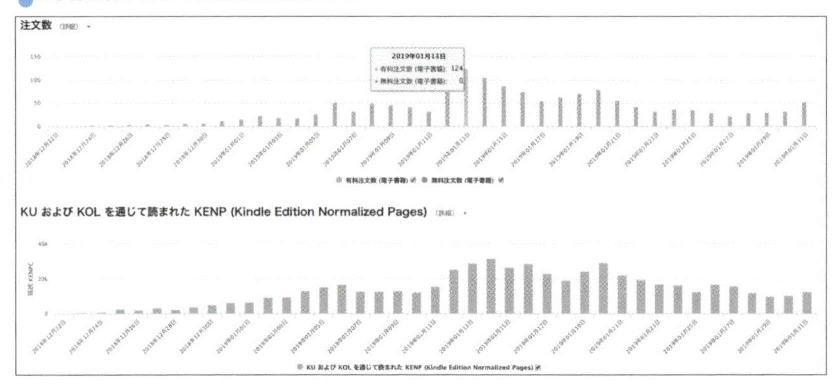

ツイートが本と関係なければ売り上げには繋がらない

まず、X（旧：Twitter）で多数のポストを行いました。その中で、「179リポスト、210いいね」を獲得したポストがありましたが、売り上げにはほとんど影響しませんでした。この経験から分かるように、本と関連のないポストがいくら拡散されても、売上には直結しません。重要なのは、ポストの内容が本のターゲット読者に直接関連していることです。効果的なポストを心がけ、本の魅力を伝える内容を発信することが大切です。

本宣伝用にバズることを狙ったポスト

診断サービスは期待外れだった

本のプロモーションの一環として、Web診断サービスを作成しました。このサービスは、いくつかの質問に答えることで自分がどのタイプのハッカーかを診断する内容で、人々がシェアしたくなるようなコンテンツを狙ったものでした。診断サービスが話題になれば、本の認知度も上がるという仮説に基づいた試みです。

しかし、結果は期待に反し、サービスを試してくれたのは知り合い5人ほどで、広がりを見せることはありませんでした。この経験から、Webサービス自体に需要がなければ、本のようにその存在を広めることも難しいという現実を痛感しました。

診断サービスのポスト

売上に直結したブログ記事

本の内容に関連する有益なブログ記事をいくつか公開したところ、売上に直接つながりました。この経験から、読者が本を購入したくなるような価値のあるコンテンツを提供することの重要性を実感しました。読者にとって有益な情報を発信することが、売上を伸ばす鍵となります。

さらに、ブログをSNSで拡散する際には、ターゲット層が使用しているハッシュタグを調査し、適切に活用することが効果的でした。たとえば、#駆け出しエンジニアと繋がりたい というハッシュタグは、本のターゲットであるプログラミング初心者とマッチしており、これが拡散の一因となりました。

調査したハッシュタグを活用したブログ記事拡散用のポスト

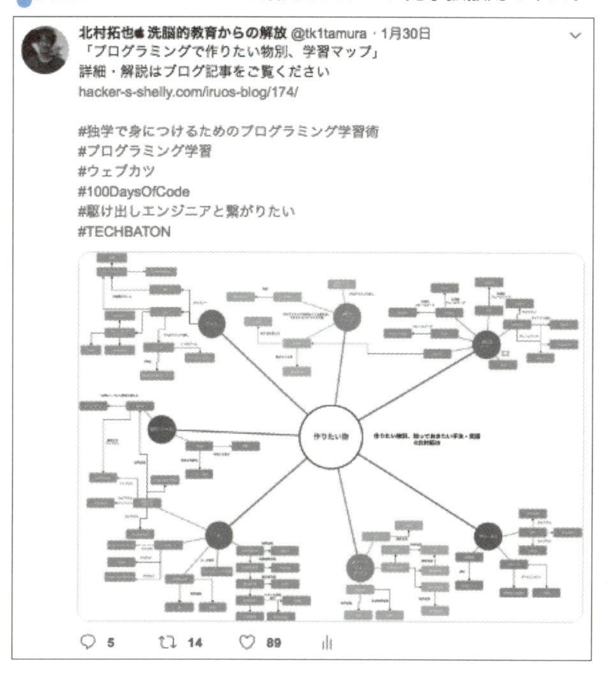

コミュニティでの宣伝効果は抜群

既に所属している「トビタテ留学ジャパン」や「MakersUniversity」のコミュニティで宣伝を行いました。また、プログラミング学習のコミュニティにも４つほど参加し、そこで宣伝をしました。その結果、読者層に近いコミュニティでの宣伝が売り上げに顕著に影響しました。やはり、ターゲット読者が集まるコミュニティでの宣伝が効果的であることが分かりました。

ただし、コミュニティによっては宣伝行為が禁止されている場合もあるため、必ず会員規約を確認してから行動するようにしましょう。

価格設定

価格設定は段階的に変更しました。最初は500円で販売を開始し、数ヶ月後に980円に値上げしました。初期段階で評価がない中で購入してくださった方への感謝の気持ちとして、低価格からスタートしました。この戦略は、初期の段階で読者を獲得しやすくするのに非常に効果的でした。その後、評価やレビューが増えたタイミングで価格を引き上げることで、収益の増加にもつながりました。

全体の売上推移

以下は全体の売上推移のグラフです。3部門で1位になった後、大きく売上が伸びていることが分かります。これにより、ランキングに乗ることが売上を大きく左右する重要な要素であることが実感できました。

売上推移

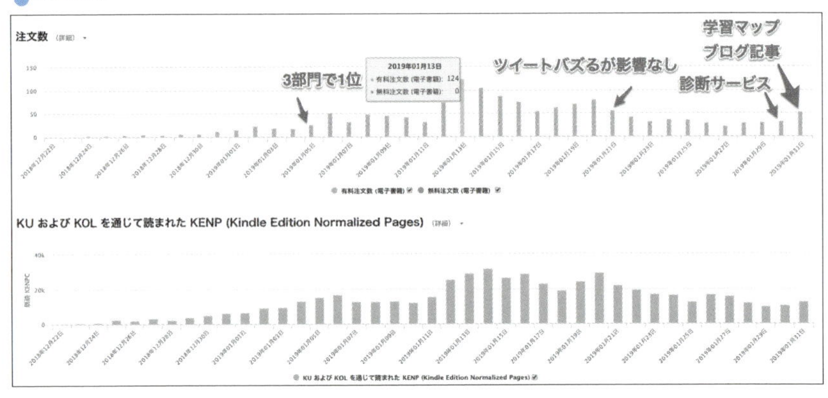

1位になった3部門は、コンピュータサイエンス、プログラミング、インターネット・Web開発です。

Amazon売れ筋ランキング 3部門で1位

Amazon 売れ筋ランキング: Kindleストア 有料タイトル - 67位 (Kindleストア 有料タイトルの売れ筋ランキングを見る)
1位 ― Kindleストア > Kindle本 > コンピュータ・IT > **コンピュータサイエンス**
1位 ― Kindleストア > Kindle本 > コンピュータ・IT > **プログラミング**
1位 ― Kindleストア > Kindle本 > コンピュータ・IT > **インターネット・Web開発**

コンピュータサイエンス部門の売れ筋ランキング

コンピュータサイエンス部門では、新井紀子先生のベストセラー「AI vs 教科書が読めない子供たち」という強力なライバルが存在しましたが、見事にそれを超えることができました。たとえ一時的な結果であったとしても、無名で元手のない個人でも大手出版社の書籍に対抗できる可能性を実感しました。

2019年1月のロイヤリティ

月別のロイヤリティを表示します。

1月 2019

マーケットプレイス	通貨	電子書籍のロイヤリティ	KU/KOL	ロイヤリティ合計
Amazon.com	USD	7.09	0.00	7.09
Amazon.co.uk	GBP	0.00	0.00	0.00
Amazon.de	EUR	0.00	0.00	0.00
Amazon.fr	EUR	0.00	0.00	0.00
Amazon.es	EUR	0.00	0.00	0.00
Amazon.it	EUR	0.00	0.00	0.00
Amazon.nl	EUR	0.00	0.00	0.00
Amazon.co.jp	JPY	467,700.00	286,089.00	753,789.00
Amazon.in	INR	0.00	0.00	0.00
Amazon.ca	CAD	0.00	0.00	0.00
Amazon.com.br	BRL	0.00	0.00	0.00
Amazon.com.mx	MXN	0.00	0.00	0.00
Amazon.com.au	AUD	0.00	0.00	0.00

1月のロイヤリティ、つまり月収は75万3千円でした。

有料販売分が46万円、KUなどによって無料で読まれた分が28万円です。

無料で読まれた分も立派な収入源になることが分かります。

3割Amazonに取られているので、売り上げは107万円となります。

読者のいる場所を見極めることが鍵：魚のいない場所では魚は釣れない

私は無人島で釣りをした経験があります。朝4時に起きて9時まで釣り続けましたが、釣果はゼロ。釣りの上手な人たちも同様でした。後で分かったのは、数日前に底引き網漁が行われていて、この一帯から魚が減っていたということでした。どれほど釣りの達人でも、良い餌を持っていても、魚がいなければ釣ることはできません。

これはプロモーションにも同じことが言えます。魚を読者に例えるなら、読者がいない場所でいくらお金をかけて宣伝しても効果は得られません。

重要なのは、読者がどこにいるのか、どの媒体を見ているのか、どんなハッシュタグを使っているのかを知り、その場所で宣伝することです。読者がいる場所でこそ、効果的なプロモーションが可能になるのです。

8 ステップ7：電子書籍の企画【コンテンツ生成】

生成AIを活用して電子書籍を作成する方法を紹介します。電子書籍の制作に必要な要素には、目次、本文、表紙デザイン、タイトルなどがあります。ここで重要なのは、いきなりChatGPTで本文を生成しないことです。安易にAIで生成すると、ありきたりで価値の低い内容になってしまう可能性があります。まずは、自分のアイデアやコンテンツの整理から始めることが、生成AIを効果的に活用する基本です。

目次の生成1.【アイデアの整理：Mapifyの活用】

目次は原稿の構成を示す羅針盤であり、読者にとっても本の価値を判断する重要な要素です。目次の段階で魅力的でなければ、原稿も興味を引くものにはなりません。そのため、目次を作成する際は、自分が書きたいこと、読者が求めていること、そして自分が書けることを整理することが大切です。

このアイデア整理には、生成AIツールの「Mapify」とマインドマップ編集ツール「Xmind」を活用します。Mapifyでは、プロンプトを入力するだけで概念マップを生成できます。「書籍のコンセプト＋目次を作成したい意図」を伝えることで、Mapifyがマップを生成します。無料版ではマップの直接編集はできませんが、Xmindに出力してさらに編集を続けることが可能です。

Mapifyで作成したマップをたたき台にして、書きたいこと、読者のニーズ、そして自分が提供できる内容を自由に書き出してください。細かい順序や構成を気にせず、まずはアイデアを広げていくことがポイントです。

Mapify

https://mapify.so/

Mapifyのプロンプト入力画面

Mapifyで生成した概念マップ

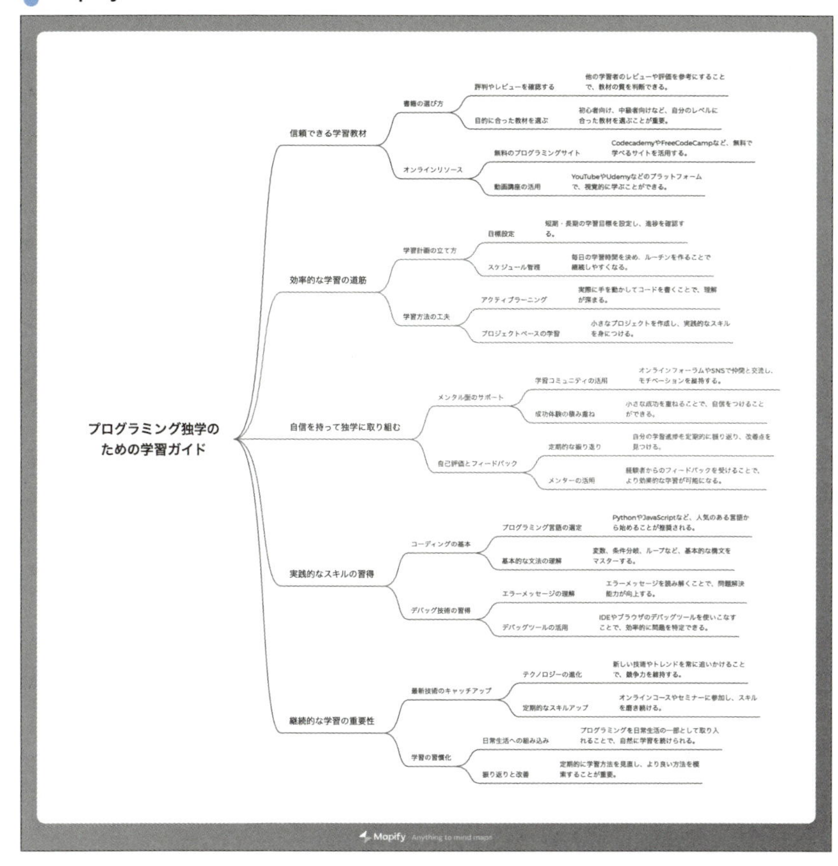

Mapifyの出力種類

目次の生成 2.【アウトライナーの活用：Notion AI】

目次の作成には、アウトライナーツールを使います。アウトライナーとは、情報やアイデアを階層的に整理・表示するためのツールやソフトウェアのことです。Word のアウトライン機能を利用しても良いですが、私は Notion を活用しています。

まず、Mapify で作成したマップを ChatGPT に入力し、文字起こしと目次の形式に整えてもらいます。以下の画像は、Mapify で出力したマップを ChatGPT が整形した例です。このように、ChatGPT はフォーマットを変換するコンバーターとしても有用です。

次に、ChatGPT から得られた目次を Notion に移行します。Notion では、箇条書きのブロックをトグルタイプに変更することで、目次の構成を自由に入れ替えたり、階層を調整したりしながら、目次を練り上げることができます。また、Notion AI を使って、目次の表現をブラッシュアップすることも可能です。

目次の各項目を魅力的にするためには、次の 3 つのポイントを意識すると良いでしょう。

1. 数字を入れる：数字を使うことで、内容に具体性と説得力が増します。
2. 意外な事実を含める：読者や一般的な認識とは異なる、あなた独自の知見を盛り込むことで、興味を引きます。
3. わかりやすさを重視する：意外性を狙いすぎて内容が伝わりにくくならないように、何が書かれているかが一目で分かる表現にしましょう。

これらのステップを踏むことで、読者の関心を引く魅力的な目次を作成できます。

ChatGPTによる概念マップの文字起こし

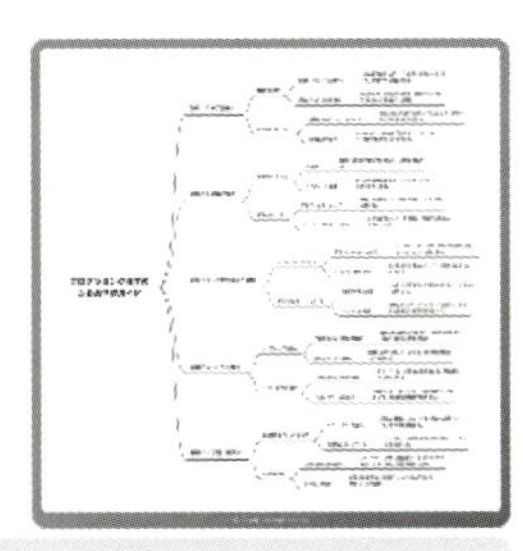

文字起こしして目次の形式に整えてください。

プログラミング独学のための学習ガイド

1. **信頼できる学習教材**
    - 書籍の選び方
        - 評判やレビューを確認する
        - 目的に合った教材を選ぶ
    - オンラインリソース
        - 無料のプログラミングサイトを活用する
        - CodecademyやFreeCodeCampなど、無料で学べるサイトを利用する
        - YouTubeやUdemyなどのプラットフォームで、質の高いコンテンツを見つける
    - 動画講座の活用
        - 評価の高い講座を選ぶ
        - 高額の有料講座を購入前に、評価を確認する
2. **効率的な学習の進め方**
    - 学習計画の立て方
        - 目標設定
        - スケジュール管理
    - 学習方法の工夫
        - アクティブラーニング
        - ループを作ることで効率的に学ぶ

Notionをアウトライナーにするトグルリスト

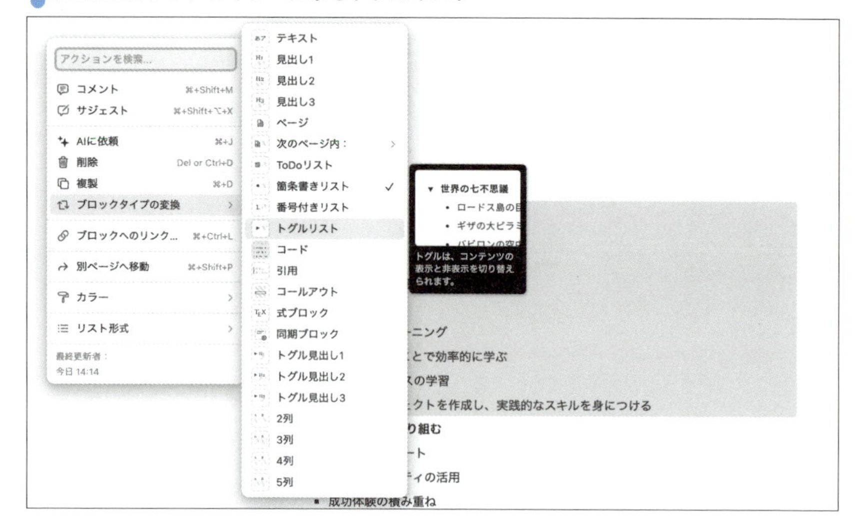

Notion AIのメニュー

表紙の生成：電子書籍は表紙が９割

電子書籍の売れ行きは、表紙のデザインで大きく左右されます。実際、あなたがAmazonで電子書籍を選ぶ際のことを思い浮かべてみてください。検索結果から書籍を選ぶとき、最初に目に入るのは表紙です。もちろん、レビューの評価や内容も選ぶ際の要素ですが、表紙が魅力的でなければ、その本は候補から外れてしまいます。理想的にはプロに依頼して表紙を作成するのが確実ですが、予算に限りがある場合は生成AIを活用して表紙を作成することもできます。

表紙のリサーチ方法

まず、売れている本の表紙をリサーチしましょう。ZUNNY編集部が2005～2015年の年間ベストセラーTOP20冊を分析した結果*1をまとめています。

表紙は本の内容に合ったデザインにする必要があるため、これらの条件をすべて満たす必要はありません。しかし、売れている表紙には成功の要素が詰まっているため、まずは類書の表紙を中心に調べてみましょう。

表紙のリサーチには、画像や動画を集めてシェアできるWebサービス「Pinterest」を使うと便利です。気に入った表紙を見つけたら、そのデザインを参考に自分の表紙を作成しましょう。

デザインが苦手で悩んでいる場合は、Canvaのテンプレートを活用するのも一つの手です。実際、私もデザインが苦手なのでテンプレートを多用しています。テンプレートを使えば、手軽にプロっぽい表紙を作ることができます。

生成AIとCanvaで表紙作成

現在、表紙を完全に生成AIだけで作成するのはまだ難しいのが現状です。特に、文字とイラストのバランスや、文字の編集を考えると、生成AIで作成したイラストや文言を、Canvaのような画像編集ツールで組み合わせるのが最適な方法です。

まず、リサーチ結果を参考にしてCanvaで適したテンプレートを選び

*1 https://zunny.jp/00001037

ます。その後、表紙に使用するイラストを生成AIで作成します。例えば、次ページの表紙は、Canvaのテンプレートを使用し、表紙の文言はChatGPTで生成、イラストは画像生成AIで作成したものです。

使用する画像生成AIはどれでも構いませんが、手軽に利用できるのはChatGPTやGoogleのImageFXです。ImageFXは日本語にも対応していますが、英語で依頼した方がより正確な画像が生成されやすいです。ImageFXは一度に4つの画像を出力し、プロンプトの単語の変換候補も選べるため、希望する画像が生成されない場合は単語を切り替えて再度出力してみると良いでしょう。

さらに高画質な画像を生成AIで作りたい場合はStable Diffusionが便利です。ただしコマンドを打つといった技術が多少必要になるため、興味がある方は以下の記事を参考に挑戦してみてください。

【最新版】画像生成AI「StableDuffusion-WebUI2.1」のMacの導入方法【入門】

https://rebron.net/blog/how-to-install-stable-diffusion-webui-2-1-on-mac-for-image-generation-ai/

生成AIでイラストが作成できたら、それをCanvaのテンプレートに配置して、表紙を完成させます。これにより、プロフェッショナルな見た目の表紙が手軽に作成できます。

表紙は読者候補の友人や知人に送ってフィードバックをもらい、改善点を反映させましょう。

Canvaと画像生成AIで作成した表紙

ImageFXでプログラミングを学んでいる学生のイラストを出力した例

3

原稿とタイトルの生成

執筆は、Word を使用して行うことをお勧めします。Word は編集機能が豊富で、見出しの設定や文書のフォーマット調整、コメント機能によるフィードバックの管理など、執筆を効率的に進めるためのツールが揃っています。Kindle は Word ファイルに対応しているため、Word ファイルをアップロードするだけで電子書籍を作成できます。

以下では、原稿の生成からタイトルの作成、文章の校正までのプロセスを詳しく解説します。

1. 原稿の生成

原稿を AI に生成させる場合、まずは ChatGPT を活用します。AI に原稿を書かせる際のプロンプト例は以下の通りです。

プロンプト

あなたはプロのライターです。以下のコンセプトと目次を元に、書籍の原稿を書いてください。対象読者は初心者で、わかりやすく具体的なアドバイスを含めてください。
コンセプト：
目次：

2. タイトルの生成

魅力的なタイトルは、読者の興味を引くために非常に重要です。タイトルの生成にも ChatGPT を活用します。効果的なタイトルを生成するプロンプトの例は以下です。

プロンプト

あなたはプロのマーケターです。以下のコンセプトと目次を元に書籍のタイトル案を10個考えてください。文字は9文字程度で、読みたくなるようなキャッチーで魅力的なものをお願いします。タイトルには以下の検索用キーワードを含めてください。
キーワード：

複数のタイトル案が生成されるので、その中から最も適したものを選び、さらに自分で微調整するとよいでしょう。

3. 文章の校正

文章の校正はChatGPTで行い、最終的にはWordの音声読み上げ機能を活用します。音声読み上げを利用することで、文章の流れやリズム、表現の自然さをチェックできます。音声で文章を確認することで、書き手としては見逃しがちな誤字脱字や冗長な表現も見つけやすくなり、読者にとって読みやすい文章の作成に役立ちます。

音声読み上げを使ったチェック方法

1. Wordの「校閲」タブから「音声読み上げ」機能を選択します。
2. 文章を読み上げさせて、気になる箇所や改善が必要な箇所に注意を払います。
3. 必要に応じて文章を修正し、再度読み上げて確認します。

このプロセスを繰り返すことで、読者にとってストレスのない、スムーズな読み心地の文章を完成させることができます。以上の方法を活用して、質の高い原稿を作成しましょう。

Kindleで出版する

Kindleでの出版は、Kindle Direct Publishing（KDP）を使えば簡単に

行えます。基本的には、Amazonのガイドに従って必要な情報を入力するだけで、電子書籍を出版できます。

より詳しい手順やスクリーンショット付きの解説が必要な方は、拙著「Kindle出版の結論」をご参照ください。

Kindle出版の結論

https://www.amazon.co.jp/dp/B0D54FNB78

番外編：ブログから電子書籍を生成する

既にブログを運営している場合、その内容を基に電子書籍を生成することも可能です。

アップロードした知識を元に回答を生成するGoogle NotebookLMにブログを読み込ませ、自動的に書籍を生成する方法を紹介します。

Google NotebookLMのソースにこれまでブログでアップした記事のURLを登録していきます。

そして以下のプロンプトで電子書籍を作成します。

プロンプト

以下のブログ記事一覧を章として使用し、電子書籍のドラフト原稿を生成してください。それぞれのブログ記事をタイトル付きの別々の章としてフォーマットし、一貫した構造にしてください。冒頭に目次を含め、最後に結論を追加してください。電子書籍全体を通じて、一貫したスタイルとトーンを維持してください。

すでにブログで多数の記事を執筆している方は、この方法で原稿のたたき台を生成すると効率的に電子書籍を作成できます。

NotebookLMに知識をアップロードする画面

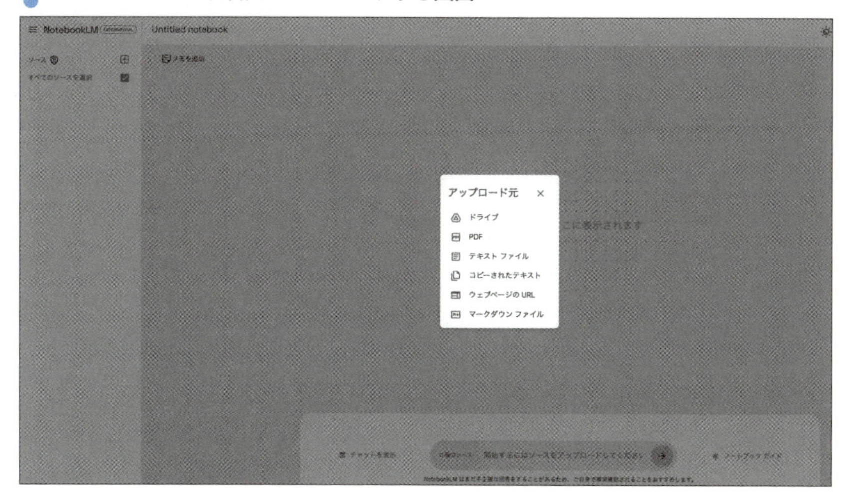

売れたら紙の本出版とグローバル展開に挑戦

電子書籍が好調に売れた場合、商業出版を目指して紙の本を出すことや、グローバル展開を検討するのも一つの選択肢です。

商業出版

無名の著者が商業出版で企画を通すのは簡単ではありませんが、電子書籍での成功実績があると話は変わります。すでに需要が確認されているため、出版企画が通りやすくなるのです。実際に私も、電子書籍のヒットをきっかけに『知識ゼロからのプログラミング学習術』という商業出版を実現できました。この本は３刷を達成し、紙の本にすることでより多くの読者にリーチすることができました。電子書籍の成功は、商業出版への大きなステップとなるでしょう。

グローバル展開

電子書籍の制作に慣れてきたら、英訳してグローバル市場に挑戦するのも有効です。私は英語が得意ではありませんが、生成 AI を活用して、月間240万人のユーザーが利用するアメリカ企業のコンテンツの日本語翻訳監修を担当した経験があります。翻訳には、ChatGPTを利用しましょう。翻訳に特化したカスタムモデルも公開されているため、用途に合ったGPTを選んで活用することが可能です。

ただし、AI翻訳は完全に自然な表現にはならないことがあるため、厳密さが求められる文章の場合は、プロの翻訳者に依頼することをお勧めします。グローバル展開を視野に入れることで、新たな読者層にアプローチし、コンテンツの価値をさらに広げることができます。

翻訳に特化したGPTs

売れない場合の対策

ここまで売れるコンテンツを生成する方法をご紹介していますが、残念ながら、すべての作品が必ずしも売れるわけではありません。売れ行きが悪い場合には、現在の書籍を改善するか、新しい書籍を作るかの２つの選択肢があります。

現在の書籍を改善する5つのポイント

現在の書籍を改善するポイントを見ていきましょう。

1. レビューを活用する
   読者からのレビューを参考にし、指摘された点を修正しましょう。フィードバックは改善のチャンスです。
2. 表紙デザインの見直し
   表紙のデザインは、読者が最初に目にする部分です。魅力的でない場合は、デザインを刷新してみましょう。
3. タイトルの最適化
   タイトルが検索に適しているか確認し、必要であれば修正します。キーワードを意識して、読者の目に留まるタイトルにしましょう。
4. 本の紹介ページの改善
   紹介文を魅力的にすることで、購入意欲を高めます。知人に紹介文を読んでもらい、フィードバックをもらうのも効果的です。
5. 価格設定の見直し
   同ジャンルの書籍と比較し、価格が適切かどうかを確認します。適宜価格を調整して、読者にとって購入しやすい設定にしましょう。

新しい書籍を作る

Kindle出版の大きな利点は、何冊でも出版できることです。1冊目が売れなくても、2冊目を出すことで、1冊目の売れ行きが向上することもあります。売れ行きが悪かったからといって諦めず、「JUST KEEP Generating」の精神で、積極的に新しい作品を作り続けましょう。継続することで、新たな成功のチャンスが広がります。

9 ［ワーク］書籍を改善するチェックリスト

書籍を改善するためのチェックリストです。効果的な見直しと編集のポイントを押さえ、書籍の品質を向上させましょう。

- ☑ 改善を促すレビューが来ていませんか？
- ☑ 表紙はパッと見て買いたくなるデザインになっていますか？
- ☑ タイトルは検索でヒットするようになっていますか？
- ☑ 本の紹介ページでは、その本を買いたくなるようにわかりやすく書いていますか？
- ☑ 競合と比較して適切な価格になっていますか？

第３章まとめ
電子書籍の成功を導く企画フレームワークを活用しよう

本章では、長文執筆に自信がなくても、電子書籍を成功させるための具体的な企画フレームワークを紹介しました。企画のビジョンを明確にし、ターゲットを絞り、コンセプトを設定することで、効率的に電子書籍を作成する方法を学びました。リサーチとMVPを通じて市場のニーズを確認し、成功の可能性を高めることができます。このフレームワークを活用して、あなたも効果的な電子書籍を企画・作成し、経済的自由への一歩を踏み出しましょう。

第4章

本章では、デザイン知識ゼロでも、生成AIを活用して簡単に魅力的なLINEスタンプを作成し、販売までのステップを詳しく解説します。

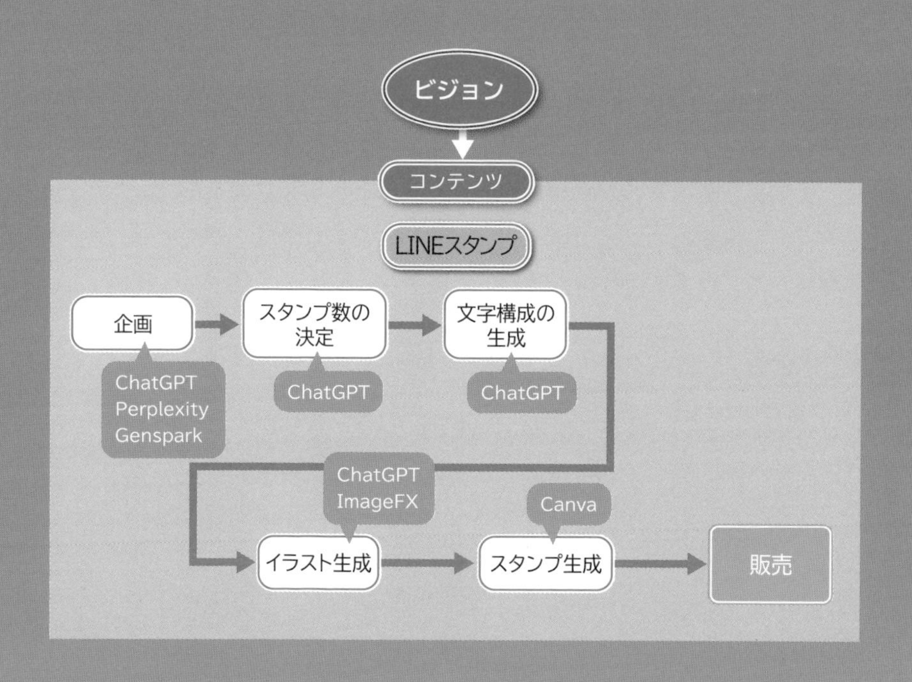

第4章

デザイン知識ゼロでもできる！LINEスタンプ

本章では、生成AIを活用したLINEスタンプの作成方法を、基礎知識から販売まで、ステップバイステップで詳しく解説します。デザインの専門知識がなくても、AIを使えば簡単に魅力的なLINEスタンプを作成し、収益を得ることが可能です。さあ、あなたも手軽にLINEスタンプクリエイターの一歩を踏み出しましょう

1 ステップ0：LINEスタンプの基礎知識を知る

LINEスタンプは、テキストメッセージに添えて送ることで、コミュニケーションをより楽しく、感情豊かにするイラストやアニメーションです。特に、制作に大きなコストがかからず、一度作成すれば継続的に収益を得ることができるため、不労所得の一つとして身近な方法といえます。加えて作成から販売まで数時間で完結します。

以下に、実際に私がAIを用いて作成したLINEスタンプの例を示します。

共働き夫婦向けのポジティブな猫スタンプ2

なぜ LINE スタンプは人気なのか？

LINE スタンプが特に人気を集めているのは、日本やタイ、台湾といったアジア圏です。その理由の一つとして、「感情表現を直接的に伝えることが少なく、曖昧さを残すコミュニケーション文化が根付いている」ことが LINE 公式から挙げられています[*1]。テキストだけでは伝えきれない感情や気持ちを、スタンプが代弁するノンバーバルコミュニケーションが広く受け入れられているのです。このような文化的背景が、LINE スタンプの人気を支えています。

*1　https://japan.cnet.com/article/35196373/?utm_source=newspicks&utm_medium=news_distribution&utm_campaign=newsfeed_distribution

LINE スタンプ市場の規模を知る

2022 年のデータでは、世界中で登録クリエイター数は 500 万人を超え、販売中のスタンプセットは 1,500 万セットに達しています。トップクリエイター 10 名の売り上げ平均額は 13 億 5,200 万円と、昨年から 1.5 億円以上増加しており、198 名のクリエイターが 1 億円以上を売り上げています*2。この数字は、LINE スタンプがいかに多くのクリエイターに利用され、また需要が高いかを示しています。

2 ステップ 1：LINE スタンプの数を決める

まずは、作成する LINE スタンプの数を決めます。LINE スタンプのセットは最低 8 個から最高 40 個まで選択可能です。購入者の視点から考えると、スタンプの数が多いほどお得感があり、売れやすくなります。特に今回は、生成 AI を活用してイラストを簡単に作成できるため、最大数である 40 個を選ぶことをお勧めします。これにより、バリエーション豊富で魅力的なスタンプセットを提供できます。

3 ステップ 2：LINE スタンプの文字構成を決める

次に決めるのは、スタンプに入れる文字の構成です。文字の内容は、スタンプの用途やテーマに合わせて選びます。以下の 10 個のカテゴリーを参考にして、スタンプに適した文字を決定しましょう。

文字のカテゴリー例を参考に構成を決める

文字構成のカテゴリーとしては、以下の 10 種類が考えられます。

---

*2 https://prtimes.jp/main/html/rd/p/000003780.000001594.html

1. 挨拶・基本的なやり取り（例：おはよう）
2. 感情表現（例：嬉しい！）
3. 日常会話（例：元気？）
4. 応援・励まし（例：がんばって！）
5. 謝罪・お願い（例：ごめんね）
6. カジュアル・ユーモア（例：やったー！）
7. 特定のシチュエーション（例：ご飯食べた？）
8. 共感・リアクション（例：わかる！）
9. リマインダー・確認（例：準備できた？）
10. ラブ・ロマンティック（例：君が好き）

AI を活用して文字の候補を選ぶ

次に、ChatGPT にプロンプトを入力し、具体的な文字の候補を生成します。例えば、以下のようなプロンプトを使用します。

プロンプト

あなたはプロの LINE スタンプクリエイターです。以下の 10 個のカテゴリーに対して、それぞれ 5 案の LINE スタンプのテキストを箇条書きで示してください。LINE スタンプのコンセプトは XXX です。

以下のように候補が出力されます。

ChatGPTが生成したLINEスタンプのテキスト

挨拶・基本的なやり取り

1. おはよう
2. こんにちは
3. お疲れ様
4. ありがとう
5. おやすみなさい

感情表現

1. 嬉しい！
2. 悲しい...
3. 怒った！
4. 感謝してる
5. 愛してる

日常会話

1. どうしたの？
2. 元気？
3. またね
4. 今何してる？
5. 助けて

ChatGPTが提案する複数の候補から、最も適した文字を選びます。こうした手順を踏むことで、スタンプの内容がバラエティ豊かになり、使用シーンが広がるスタンプセットを作成することができます。文字の選び方の注意点として、ポジティブな表現を多めに選ぶと使いやすいスタンプになります。

4　ステップ3：LINEスタンプイラストをAIで生成する

次に、LINEスタンプの元になるイラストを生成AIを使って作成します。具体的には、生成AI「ChatGPT」や他の画像生成AIを活用して、スタンプ用のイラストを作成します。

イラストを作成する際には、以下のようなプロンプトを使用します。

プロンプト

```
以下の条件を満たすLineスタンプ画像を9個出力してください。
・文字は不要
・シンプルでシックなデザイン
・カラー
・ポジティブ
・背景黒
・sticker
・2D
・モチーフはかわいい猫
```

このプロンプトをAIに入力し、期待通りのスタンプ画像が出力されるまで試行を繰り返します。

5　ステップ4：LINEスタンプイラストをAIで量産する

期待通りのテイストのイラストが出力されたら、次に同じプロンプトに生成された画像を添付して再度AIに入力します。これにより、同じテイストのスタンプ画像を効率的に量産することができます。

画像を添付してChatGPTに似たテイストの画像を生成させる

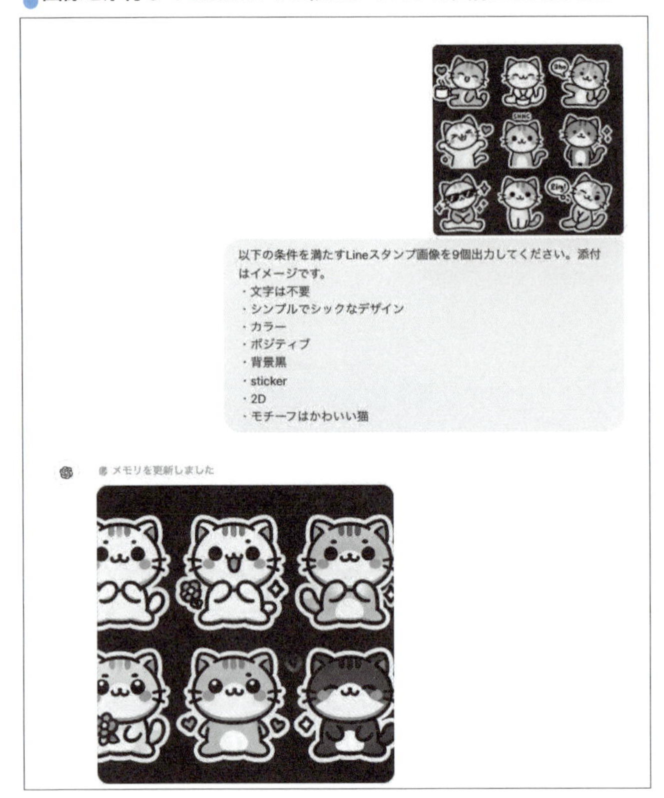

後は、ダウンロードした画像を使って、再生成を繰り返しながら、似たテイストのスタンプ画像を量産していきます。これにより、統一感のあるスタンプセットを作成することができ、LINE スタンプの完成度を高めることができます。

ChatGPTで同一のプロンプトで画像を再生成させる

6 ステップ5：惜しいイラストを調整して再生成する

イラストを生成していると、惜しい出来栄えのイラストが多く出てくることがあります。ここで「惜しい」とは、無駄な要素が含まれていたり、一部が崩れてしまったりすることを指します。このような場合、毎回1から再生成するのではなく、既存のイラストを効率的に修正する方法を活用しましょう。

部分的な修正を行い、イラストを最適化する

ChatGPTなどの生成AIでは、画像をクリックして修正したい箇所を選び、その部分だけを修正して再生成する機能があります。この機能を利用すれば、惜しいイラストを大幅に改善でき、時間と労力を節約できます。

効率化を図りながら理想のスタンプを完成させる

この部分修正機能を使うことで、1から再生成する手間を省き、効率的に理想のスタンプイラストを作成できます。これにより、最小限の修正でクオリティの高いスタンプを素早く仕上げることができるでしょう。

7 ステップ6：画像の背景を透明化

次に、ダウンロードした画像の背景を透明化します。透明化とは、画像の背景が透けるようにすることで、LINEスタンプとして使用する際に、背景が目立たないようにする作業です。

背景の透明化をデバイスに応じて行う

画像の背景を透明化する方法は、使用しているスマホやPCによって異なりますので、具体的な手順は割愛します。ここでは、Macを使用している方に向けて、Macに標準で備わっているプレビュー機能を使って背景を透明化する方法を紹介します。

Macのプレビューを使った背景透明化の手順

Macで生成AI画像をLINEスタンプにする際に、以下のショートカットキーを活用して効率的に背景を透明化できます。

- ⌘+C：該当画像の一部分を選択してコピーします。
- ⌘+N：クリップボードから新規作成し、選択した部分を新しい画像として開きます。
- ⌘+⇧+A：ツールバーを表示し、編集ツールにアクセスします。
- 透明化：透明化ツールを使用して、画像の背景部分を透明にします。
- ⌘+X：透明化した部分を切り取ります。
- ⌘+S：透明化した画像を名前をつけて保存します。

透明化された画像を LINE スタンプとして仕上げる

この手順を経て、背景が透明化された画像が完成します。この透明化処理により、スタンプを使用する際に背景が目立たず、どのチャット画面にも自然に溶け込むデザインが実現できます。

8 ステップ7：イラストに文字を追加する

次に、完成したイラストに文字を追加します。文字を追加する際には、ブラウザ上で簡単に使えるデザインツール「Canva」をお勧めします。LINE スタンプの画像サイズは横 370px × 縦 320px で設定します。

Canva で手軽に文字を追加する

Canva は初心者でも使いやすいツールで、ブラウザ上で手軽にデザインを編集できます。以下のリンクからアクセスできます。

Canva

https://www.canva.com

袋文字で視認性を確保する

文字を追加する際の注意点として、袋文字にすることを推奨します。LINE にはダークモードがあり、背景が黒くなる場合や、ユーザーが好きな背景を設定することがあるため、どのような背景でも文字が見やすいようにするためです。袋文字にすることで、文字がしっかりと目立ち、読みやすくなります。

このようにして、視認性とデザイン性を両立させた LINE スタンプを完成させましょう。

9 ステップ8：LINEスタンプを販売する

完成したLINEスタンプを販売するための手順を説明します。LINEスタンプは「LINE クリエイターズマーケット」を通じて登録し、販売することができます。

LINEアカウントの準備と登録

販売を開始するには、まずLINEのアカウントが必要です。LINEアカウントを持っていない場合は、事前に作成しておきましょう。その後、LINE クリエイターズマーケットにアクセスして、アカウントでログインします。

画像をアップロードして簡単に販売開始

LINEスタンプの販売は非常にシンプルです。作成したスタンプ画像をアップロードし、必要な情報を入力するだけで販売を開始できます。販売価格の設定や、スタンプの公開タイミングなども、登録時に簡単に設定可能です。

LINEスタンプの収益の仕組み

LINEスタンプの収益は、販売価格からAppleやGoogleなどのプラットフォーム手数料30%を差し引いた金額の50%がクリエイターに分配されます。LINEスタンプの最低販売価格は120円ですので、1つ売れた際の収益はおよそ42円になります（計算式：120円 × 70% × 50% = 42円）。販売場所（LINE STOREかスタンプショップ）によって若干の差異はありますが、基本的に1個のスタンプが売れるごとに42円が得られると考えて問題ありません。費用は無料です。

LINEスタンプ公式アカウントを活用したプロモーション

LINEスタンプの販売促進で効果的な手段の一つが、LINEスタンプ公式アカウントによる新着スタンプお知らせです。この枠に掲載されることで、多くのLINEユーザーにスタンプを見てもらうチャンスが生まれます。そのため、継続的にスタンプを作り、この枠に載せることがプロモーションの第一戦略となります。

これで、あなたのLINEスタンプが販売され、世界中のユーザーに使ってもらえるようになります。

LINE CREATORS MARKET

https://creator.line.me/ja/

第4章まとめ
LINEスタンプ作成の全ステップを理解して実践しよう

本章では、生成AIを活用したLINEスタンプの作成方法を一連のプロセスで紹介しました。基礎知識の理解から、スタンプの企画、イラストの生成、そして販売まで、各ステップを確実に実行することで、デザイン経験がなくても高品質なスタンプセットを作成することができます。あなたもこのガイドを参考に、オリジナルのLINEスタンプを作成してみましょう。

第5章

本章では、IT知識ゼロでも簡単に始められるブログの作成から収益化までの具体的なステップを解説します。

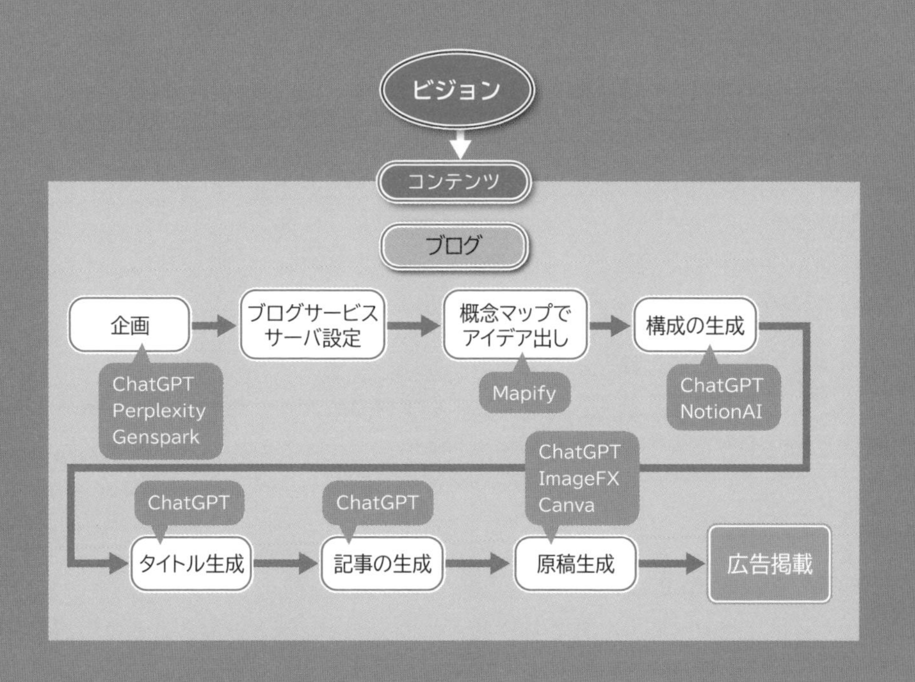

第5章

IT知識ゼロでもできる！　ブログ編

本章では、ブログの基礎知識から始め、記事作成や収益化のための具体的な手順を解説します。ブログは、情報発信と収益化のための強力なツールです。初心者でも簡単に始められる方法をステップバイステップでご紹介し、必要な要素や注意点を詳しく説明します。この記事を参考にして、自分だけのブログを立ち上げましょう。

1　ステップ0：ブログの基礎知識を知る

ブログとは？

ブログ（blog）とは、個人やグループがウェブ上で継続的に情報や意見を発信するための形式のことを指します。ブログは、日々の出来事や専門的な知識、趣味の内容など、さまざまな情報を共有する場として利用されています。

現代におけるブログの重要性

ブログは、知識や意見を広く発信するための重要なツールです。日々の学びをブログに書きため、それを元に電子書籍や書籍、動画教材に発展させることができます。これは、知識の蓄積とコンテンツの拡充を図る有効な方法です。

知識の蓄積とコンテンツ拡充の方法

ブログを通じて得た知識や経験は、他のメディアへと発展させることができます。例えば、ブログで書いた内容を電子書籍としてまとめたり、動画教材として配信したりすることで、より多くの読者や視聴者にリーチできます。

ブログと他メディアの違いと共通点

ブログと他のメディア（電子書籍、動画教材など）は、それぞれに特性と強みがあります。ブログは継続的な情報発信に向いています。一方、電子書籍や動画教材は、体系的な知識の提供や深い理解を促進します。表現方法を変えることで、一つの媒体では届かなかった読者にコンテンツを届けることができます。

AI生成コンテンツはGoogle検索のガイドラインに抵触する？

AIや自動化は、適切に使用している限りはGoogleのガイドラインの違反になりません。検索ランキングの操作を主な目的としてコンテンツ生成に使用すると、スパムに関するポリシーへの違反とみなされます。

AI生成によるコンテンツ作成を検討している方へのアドバイス

コンテンツの作成方法を問わず、Google検索で成功を収めるには、E-E-A-Tの品質を満たす、オリジナルで高品質な、ユーザー第一のコンテンツの制作を意識する必要があります。

EEATとは、エクスペリエンス（Experience）、高い専門性（Expertise）、権威性（Authoritativeness）、信頼性（Trustworthiness）の要素です。

2 ステップ1：ブログを作る

ブログ作成にはブログサービスとサーバが必要

ブログを始めるには、まずブログサービスとサーバを用意する必要があります。これらはブログの運営基盤となる重要な要素です。

ブログサービスは読者層に合わせて選ぶ

ブログサービスは、ターゲットとなる読者層に応じて集客しやすいものを選定しましょう。例えば、30代～50代の女性向けには「アメーバブログ」が適しています。一方、特定の読者層が定まっていない場合は、1900万ダウンロードを達成している人気のWordPressを使用することをお勧めします。WordPressは初期設定がやや大変ですが、ユーザー数が多く、問題解決も容易です。ChatGPTに聞けば正確な答えも得られやすいです。

WordPressを使用するにはサーバのレンタル契約が必要

WordPressでブログを運営するには、まずサーバをレンタル契約する必要があります。多くのレンタルサーバはWordPressの簡単インストール機能を提供しており、簡単にブログを立ち上げることができます。サーバやWordPressのテーマの導入方法は以下の記事を参照ください。

サーバとテーマの選び方

https://rebron.net/blog/how-to-choose-server-and-theme/

ブログ作成のハードルが高ければnoteで記事を公開がお勧め

ブログのMVP（Minimum Viable Product）の一環として、気軽に文章をアップできるサービスであるnoteで文章を公開することをお勧めします。noteでは記事を有料にすることで収益化も可能です。これにより、自分の文章の需要を確認することができます。

3 ステップ2：記事の構成を作成する

本文をいきなりChatGPTで生成しないことが大事

記事を作成する際には、いきなりChatGPTなどの生成AIを使用せず、まずは自分のアイデアや内容を整理することが重要です。これは、生成AIを効果的に活用するための基本的なステップです。

思いつく内容、書きたい内容を箇条書きで羅列する

まずは、書きたい内容や思いついたアイデアを箇条書きでリストアップします。このステップでは、細かい順序や構成を気にせず、自由にアイデアを出していきます。

概念マップの形で書くことをお勧め

箇条書きにしたアイデアを、概念マップの形で整理することをお勧めします。概念マップは、要素同士の関係性を明確にするため、視覚的に理解しやすくなります。これは特に、複雑なテーマを扱う場合に有効です。

概念マップのツールは私はMapifyとXmindを使っています。

概念マップとマインドマップの違い

概念マップとマインドマップの違いは、要素同士の関係に名前をつけるかどうかにあります。概念マップでは、各要素間の関係性に具体的な名前をつけるため、情報の繋がりが明確になります。一方、マインドマップはアイデアを自由に連想していくためのツールで、関係性の明示が必須ではありません。

概念マップをChatGPTで箇条書きにする

構成をアウトライナーでNotionに作る

次に、概念マップで整理した内容を基に、アウトライナーを使って記事の構成をNotionに作成します。アウトライナーを使うことで、記事全体の構造が明確になり、効率的に執筆を進めることができます。

4 ステップ3：記事を生成する

構成をもとにChatGPTに記事を生成させる

作成した構成を基に、ChatGPTに記事を生成させます。この段階では、生成された内容が構成に沿っているか、適切な情報が含まれているかを確認します。

生成した記事では、ファクトチェック、文章のテイスト、無意味な言葉を削る

最後に、生成された記事の内容をファクトチェックし、文章のトーンを調整して、無意味な表現を削除します。これにより、読みやすく、信頼性の高い記事が仕上がります。

ただし、前提として、自分でファクトチェックできない分野の記事は書かないようにしましょう。

5 ステップ4：記事のタイトルを決める

記事タイトル

タイトルは読者の興味を引く重要な要素です。キャッチーで具体的なタイトルをつけることが効果的です。検索エンジン最適化（SEO）を意識したタイトル作成は、ブログのアクセス数を増やすために重要です。

記事タイトルは「ChatGPT」のアイデアを基にするといいでしょう。次のような記事タイトルプロンプトです。

プロンプト

あなたはSEOエキスパートです。以下の情報を基に、検索エンジン最適化（SEO）を意識したブログの記事のタイトル案を5つ作成してください。以下の条件に従ってください。
1. ** キーワードを含める **：指定されたキーワードを必ずタイトルに含めてください。
2. ** ユーザーの関心を引く **：読者がクリックしたくなるような魅力的なタイトルを考えてください。
3. ** 自然な言い回し **：キーワードを無理なく自然な形でタイトルに組み込んでください。

```
4. ** 簡潔で明確 **: タイトルは 35 ～ 40 文字以内に収め、内容が一目で分かるようにしてください。
#### 入力情報
- ** キーワード **: [ ここにキーワードを入力 ]
- ** 記事の内容 **: [ ここに記事の内容や要約を入力 ]
- ** ターゲット読者 **: [ ここにターゲット読者を入力 ]
#### 出力例
1.「[ キーワード ] を活用した最新の SEO 対策：初心者向けガイド」
2.「[ キーワード ] の効果的な使い方：プロが教える秘訣」
3.「[ キーワード ] が重要な理由と実践法：成功するブログ運営」
以上の条件に基づいて、SEO に強いブログ記事のタイトルを作成してください。
```

6 ステップ5：サムネイル画像を生成する

サムネイル画像は、読者の目を引くためのビジュアル要素として重要です。

サムネイル画像はブログの統一感を持たせるためにも時短のためにもテンプレートを作成し、毎記事で文字だけ更新すればサムネイルが完成するようにします。

ChatGPTとCanvaで作成したブログのサムネイル

テンプレートを作成する際に生成AIでアイコンを作るといいでしょう。ImageFXで使用するプロンプトを紹介します。""で囲まれた部分にブログのタイトルを入れてください。

プロンプト

```
Please create a thumbnail icon image for the blog article
"Generate AI Passive Income Machine".
Size ： square
Color: blue and white
Motif: laptop , robot
Design: Clean and modern design
```

上記のプロンプトで作成した写真です。

ImageFXで生成したブログサムネイル画像のアイコン

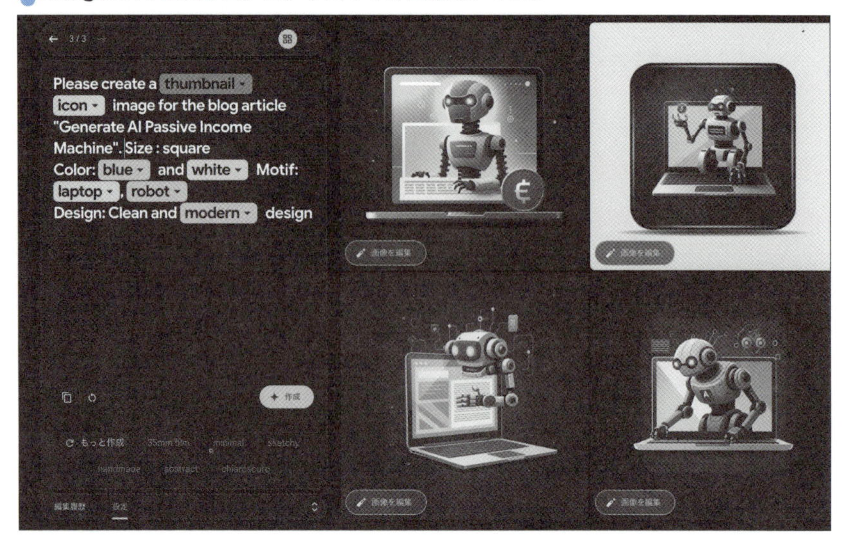

7 ステップ6：ブログを収益化する

ブログを収益化するための基本的な方法には、広告収入、アフィリエイト、そして自分の作品の販売があります。

広告収入の基本

ブログに広告を掲載することで、表示回数やクリック数に応じた収益を得る方法です。

Google アドセンスは、ブログに自動で広告を表示し、クリックされるたびに収益を得られるプラットフォームです。

設定が簡単で、初心者にもお勧めの収益化手段です。

ASP（アフィリエイトサービスプロバイダー）

ASP を通じて、商品やサービスを紹介し、ユーザーが購入すると報酬を得られます。

ブログの内容に合った広告を選ぶことで、収益化の効率を高めることができます。

自分の作品の販売

ブログを通じて電子書籍や自分のサービスなどを販売する方法です。自身の専門知識やスキルを活かして、直接収益を得ることができます。

これらの方法を組み合わせて、自分のブログの収益化を進めましょう。

すべてを AI に書かせてはいけないたった一つの理由

生成 AI をブログで使う際は、アフィリエイト等のガイドライン違反のリスクに注意が必要です。

生成 AI の利用が全面的に禁止されているわけではないですが、校正や事実確認を行わない全自動化されたブログは問題となります。

そのため、生成 AI を部分的に活用し、自分自身で校正や事実確認を行うことが推奨されます。

第５章まとめ
ブログ運営で成功するための基本ステップをマスターしよう

本章では、ブログの作成から収益化までのステップを詳しく解説しました。IT 知識がなくても、正しい手順を踏めば誰でも効果的なブログを運営することができます。重要なのは、内容の質を高め、適切なツールを活用し、継続的に価値あるコンテンツを発信することです。これを機に、自分のブログを成功させ、情報発信を通じて収益を上げる一歩を踏み出しましょう。

第6章

本章では、編集スキルゼロでもAIツールを活用してプロフェッショナルな教材動画を作成し、収益化する具体的なステップを詳しく解説します。

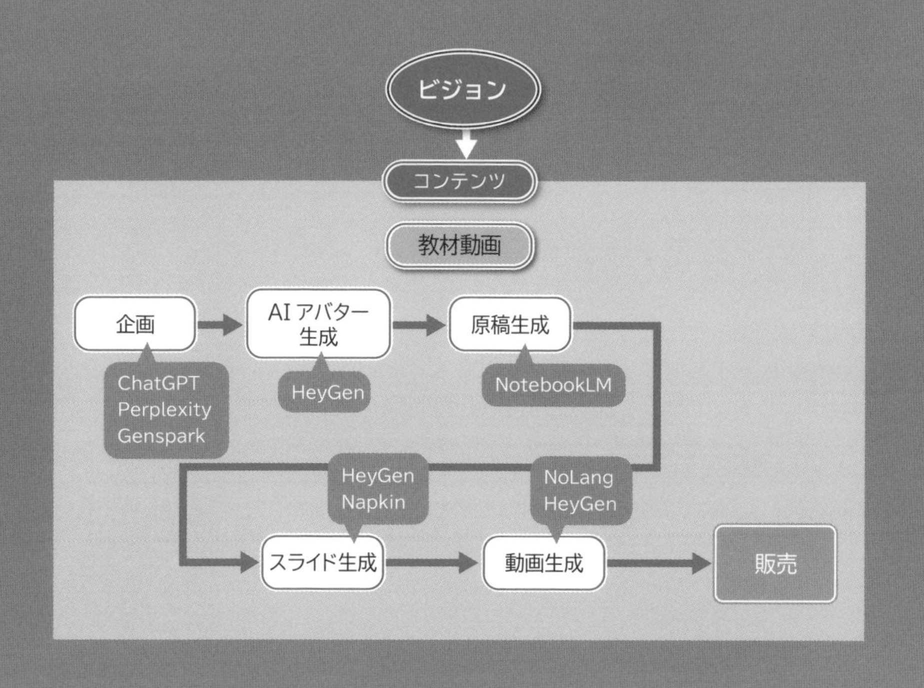

第6章

編集技術ゼロでできる！教材動画編

本章では、教材動画の作成手順から収益化の方法までを詳しく解説します。AIツールを活用して、編集スキルがなくてもプロフェッショナルな動画を作成し、収益を得るための具体的なステップをステップバイステップでご紹介します。

1 ステップ0：教材動画の基礎知識を知る

教材動画の定義

教材動画とは、学習を目的とした動画コンテンツのことです。視覚や聴覚を使って情報を伝えるため、文章だけでは伝えにくい内容も効果的に学べるのが特徴です。

以下は実際にHeyGenを活用したAIアバター動画です。

音声とプレゼンターの表情やリップシンク、スライドをHeyGenで作成しています。

BGMは楽曲生成AI「Suno（有料版）」を利用しています。

生成AI動画デモ「AIシェアスクール」

https://youtu.be/9q8BirDGXbM?si=tQXRC6EiMMjxhXXo

生成AI動画デモ「AIシェアスクール」

生成 AI 教材動画ツールの選び方

教材動画の作成に役立つ生成 AI ツールには、NoLang と HeyGen が挙げられます。それぞれの特徴を把握して、目的に合ったツールを選びましょう。

NoLang

NoLang は、TikTok、Instagram、YouTube などに投稿できるショート動画を簡単に作成できるツールです。AI が台本を一から考えてくれます。加えて画像生成 AI 機能があり、一貫したビジュアルスタイルの動画が生成可能です。さらに、動画編集機能や生成動画の長さ指定など、動画制作に必要な実用的な機能が充実しています。

NoLang は無料プランで、月 20 回まで 1 分の動画を生成できます。有料プランでは、生成回数の制限が増加します。商用利用も可能ですが、生成した動画にはコピーライトの明記が必要です。

NoLang

https://no-lang.com/

以下は、NoLangで作成したNoLangの説明動画の例です。

NoLangの説明動画の例

https://www.youtube.com/watch?v=oHo7UbdCIxI

HeyGen

HeyGenは、AI生成のアバターと音声を活用して、スタジオ品質のビデオを手軽に制作できるツールです。100種類以上のAIアバターから選ぶか、独自のアバターを作成することができます。音声は高品質な音声コレクションから選ぶか、自分で録音することが可能です。また、豊富なテンプレートから選んで使用するか、ゼロからオリジナルの動画を作成することもできます。これにより、あらゆるシナリオに対応したプロフェッショナルな動画が作成できます。

どちらのツールも、それぞれの特長を生かして教材動画の制作に役立てることができます。用途に応じて最適なツールを選びましょう。

本章ではHeyGenを用いた教材動画の作り方を詳しく説明します。

2 ステップ1：HeyGenに登録

まずは、「HeyGen」を使って、自分のアバターを生成します。

HeyGen

https://www.heygen.com/

公式サイトにアクセスし、アカウントの登録をします。

ログイン後は以下のダッシュボードページが開きます。

HeyGenのダッシュボード

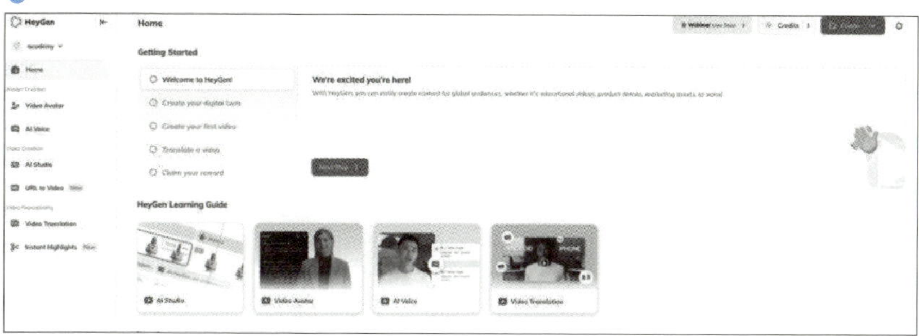

3　ステップ2：AIアバターを生成する

アバターは以下の3種類があります。

Instant Avatar：動画からAI音声とAIアバターを生成します
Photo Avatar：写真からAIアバターを生成します
Studio Avatar：高画質のAIアバターを生成します（エンタープライズユーザーのみ）

音声はInstant Avatarからしか生成できないため、私はInstant AvatarとPhoto Avatarを生成しました。

ただし音声は日本語も以下のように4種類用意してあります。

音声にこだわりがなければPhoto Avatarだけでも動画を作ることができます。HeyGenのカスタマーサポートに問い合わせたところ、現在音声だけを作る機能はありませんでした（2024年7月時点）。

HeyGenの日本語音声リスト

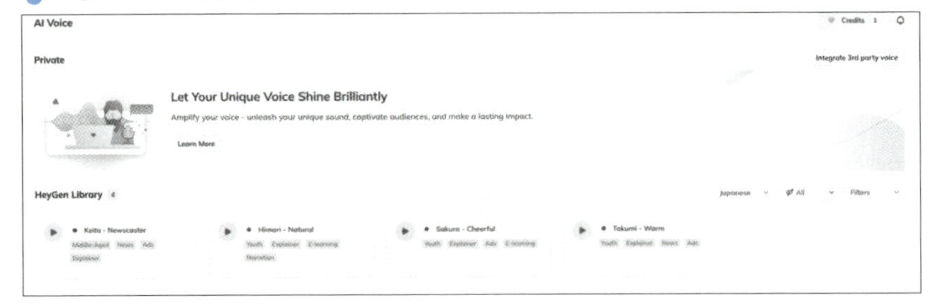

4 ステップ3：Instant アバターを生成する

Instant アバターでは、2 種類のスタイル［Still］か［Motion」を選択します。

動画教材の場合は Still で問題ないでしょう。

Still（静止）：ビデオ内の人物はほとんど動かず、単一の背景の前にいます。 お知らせ、トレーニング、顧客コミュニケーション、アウトリーチにお勧め。
モーション：ビデオ内の人物は動いており、さまざまな背景の前にいる場合があります。 広告などの外部マーケティングにお勧め。

アバタースタイルの選択画面

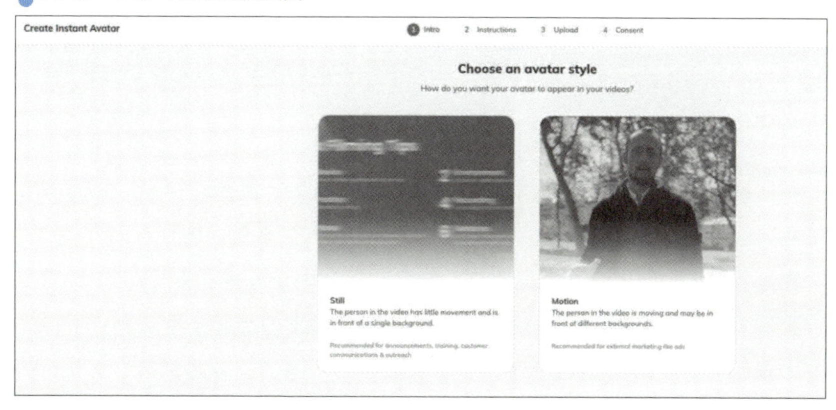

5 ステップ4：撮影する

以下の推奨事項と避けるべきことを意識して、撮影を行います。

撮影時の推奨事項

- 2～5分の映像を提出してください（必須）
- 高解像度カメラを使用してください
- 明るく静かな環境で録画してください
- カメラを直接見てください
- 各文の間に口を閉じて一旦止まってください
- 手は胸の下に置いてください

撮影時の避けるべきこと

- つなぎ合わせたりカットした映像
- 休みなく話すこと
- 録画中に位置を変えること
- 大きな背景音
- 顔に影がかかったり過度に露出した状態
- 視線を逸らしたり周りを見回すこと
- 胸の上での手の動き

撮影は自分のカメラ（スマートフォン）で行い、動画をアップロードしてもいいですし、Webカメラでその場で撮影しても構いません。

私はどちらも試しました。クオリティの差はあまり感じませんでした。

最適でリアルな結果を得るためには、高解像度のカメラやスマートフォンで録画した2分間のビデオをアップロードすることをお勧めします。製品を試すだけなら、ウェブカメラを使用して30秒間の録画を提出しても構いません。

動画をアップロードすると、最後に［Consent（同意）］の項目があります。

おそらく他人のアバターを生成することを避ける意味があります。

［Turn on Cam & Mic］をクリックすると録画画面になるため、画面上に表示される文言を読み上げます。

Consent（同意）の画面

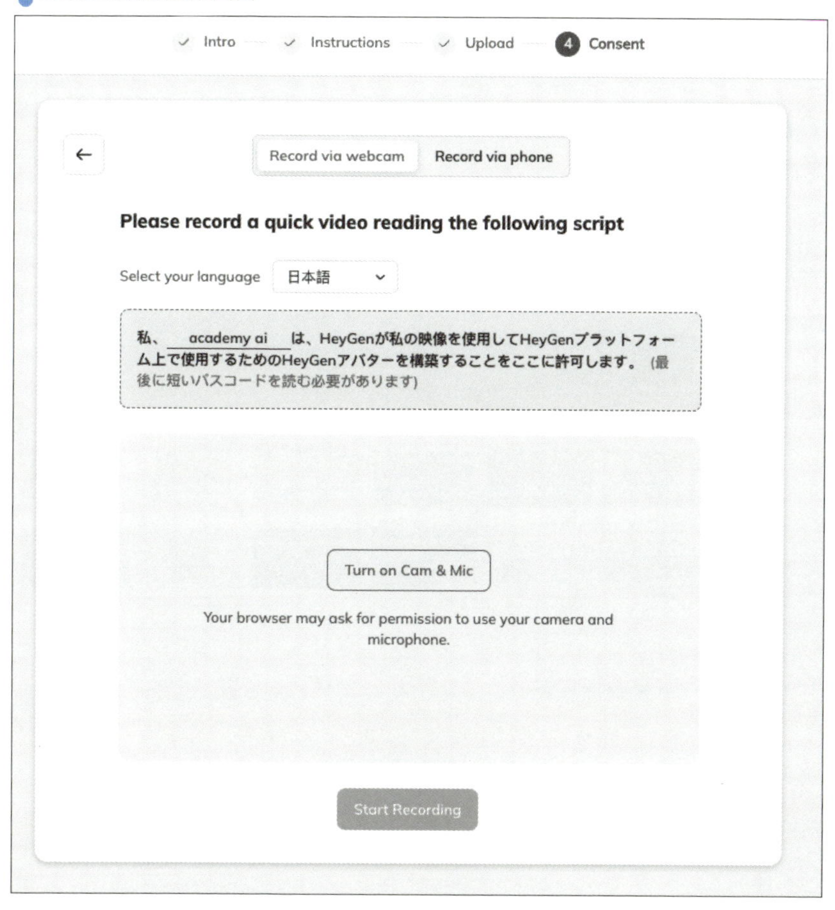

しばらく処理を待つとアバターが生成され、使用できるようになります。

6 ステップ5：テンプレートからスライドを作成する

HeyGen では用意されている豊富なテンプレートから選んで簡単に動画を作成するか、白紙の状態から自分のアイデアを形にすることができます。テンプレートを使用することで、時間をかけずに魅力的な動画を制作できます。

HeyGenのテンプレート一覧

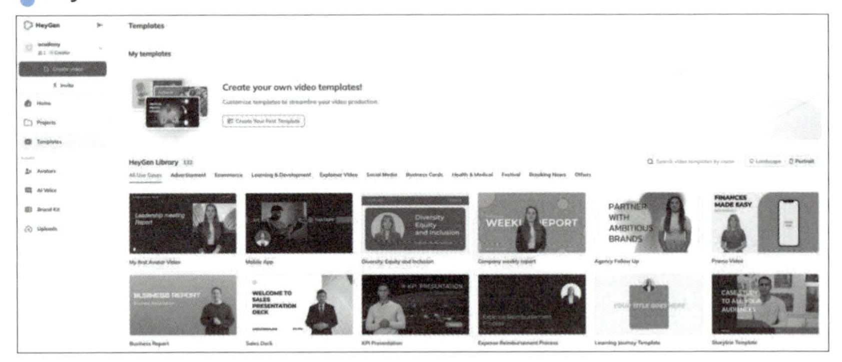

テンプレートを選択すると、スライドとアバターを選べます。

■HeyGenでテンプレートを選択した画面

スライドはPowerPointのように変更できます。

この際にプレビューではアバターは動かないことに注意してください。

おそらくこの時点でアバターが動くと画面録画できてしまうため、動かない設定になっているのだと思います。

そのため最終的な動画は［Submit］後に確認する必要があります。

声と音声内容を変更する際は［Script］をクリックして編集します。

Scriptの編集画面

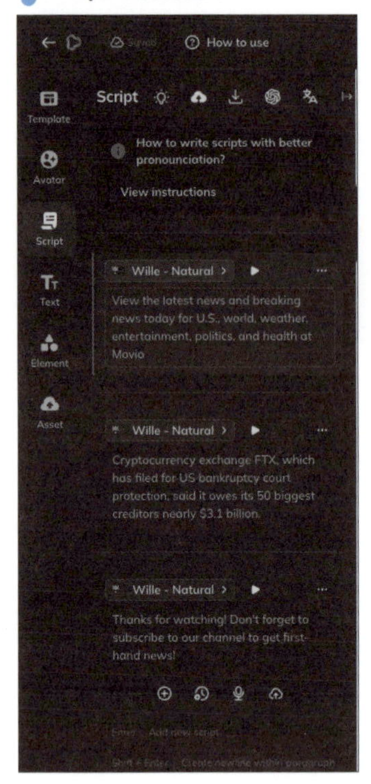

音声は自分の登録した声も使えますし、ライブラリーの中からも選べます。

［Submit］ボタンを提出すると動画が生成されます。

動画生成画面

7 ステップ6：ブログや電子書籍を活用した教材動画の効率的な生成方法

教材動画の生成を効率化するためには、適切なツールとプロセスが必要です。Google の NotebookLM と HeyGen、Napkin を使って電子書籍やブログから教材動画を迅速に生成する方法を紹介します。

電子書籍を NotebookLM にアップロード

まず、NotebookLM に教材となる電子書籍をアップロードします。
今回使用したのは以下の電子書籍の原稿です。

```
https://www.amazon.co.jp/dp/B0D54FNB78
```

コース概要を作成

次に、コース概要を作成します。以下のプロンプトを使用して、Udemy の動画教材に必要な学習目標や成果を引き出します。

プロンプト

本書を元にして Udemy の動画教材を作成します。受講生は何を学べますか？コース修了後に期待できる学習目標や成果を 4 つ以上挙げてください。

コース概要の生成

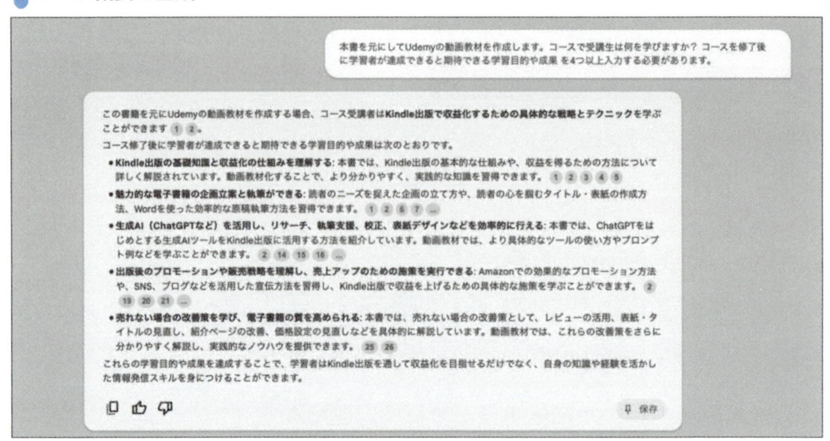

数字部分をクリックすると、読み込ませた原稿の内容を参照して、回答を生成していることがわかります。

情報の出所の確認

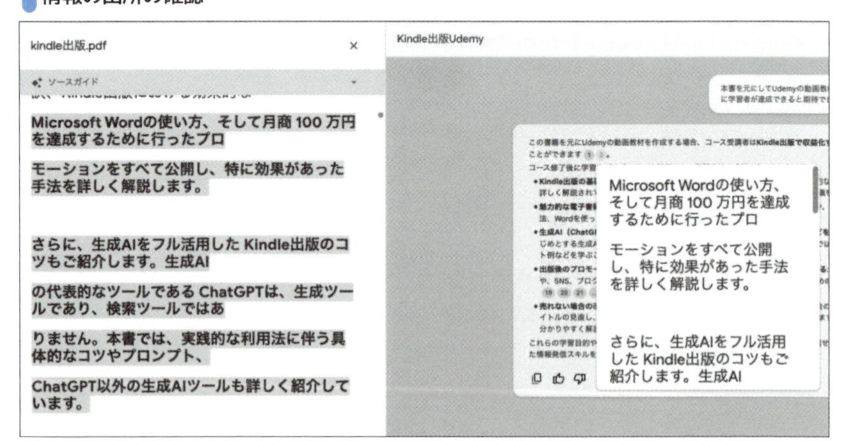

コースの対象者を設定

続いて、コースの対象者を明確にします。

プロンプト

誰に向けたコースですか？

コースの対象者を設定

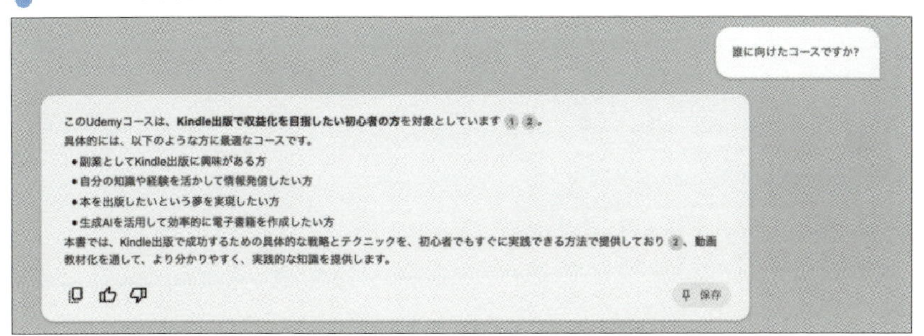

コース構成の作成

具体的なコース構成のプロンプトを使って、短く、魅力的な動画セッションを作成します。

プロンプト

コースの構成を作成してください。各動画は5分以内です。以下のガイダンスを参考にしてください。[Udemyのコースガイダンスを貼る]

これにより、5分以内のセッションに分割された動画構成が生成され、関連する課題も自動で作成されます。

6

コースの構成の生成

Kindle出版で経済的自由を達成するためのオンラインコース構成案

学習目標

- 受講生は、Kindle出版の基礎知識から応用、そして実際に収益を上げるための具体的な方法を習得する。
- 受講生は、生成AIを活用して、効率的に電子書籍を制作し、出版するスキルを身につける。
- 受講生は、自身の経験や知識を活かした電子書籍を制作し、Kindle出版を通じて経済的自由への第一歩を踏み出す。

コース概要

このオンラインコースでは、Kindle出版で経済的自由を達成するための実践的なノウハウを、分かりやすく解説します。生成AIを活用した効率的な電子書籍の制作方法から、収益化のためのマーケティング戦略まで、成功するために必要な知識とスキルを網羅しています。

対象者

- Kindle出版に興味があるが、何から始めたら良いか分からない初心者の方
- 電子書籍を出版したことはあるが、なかなか収益に繋がらない方
- 生成AIを活用して、より効率的に電子書籍を制作したい方

各セクションとレクチャー内容

セクション1：Kindle出版と経済的自由への道 (約15分)

- **レクチャー1-1：Kindle出版とは？ (5分以内)**
  - 電子書籍市場の現状と将来性
  - Kindle出版のメリットとデメリット
  - Kindle Direct Publishing (KDP) の基礎知識
- **レクチャー1-2：経済的自由を達成するためのマインドセット (5分以内)**
  - 経済的自由の定義と重要性
  - 不労所得の仕組みと構築方法
  - 成功者のマインドセットを学ぶ 1 2
- **レクチャー1-3：生成AIで変わる出版の形 (5分以内)**
  - 生成AIが出版業界に与える影響
  - 生成AIを活用した効率的な電子書籍制作
  - 未来の出版の形を展望する 3 4
- **課題1：経済的自由を達成するためのビジョンを明確にする** 5
  - なぜ電子書籍を出版したいのか？
  - 電子書籍出版を通してどんな未来を実現したいのか？
  - ビジョンを達成するために必要な行動計画を立てる

スライド作成にHeyGenを使用

スライド作成には動画生成AI「HeyGen」のテンプレートを使用します。教材動画の作成に最適なテンプレートカテゴリーは「Explainer Video（解説ビデオ）」です。

HeyGenの教材動画用テンプレート

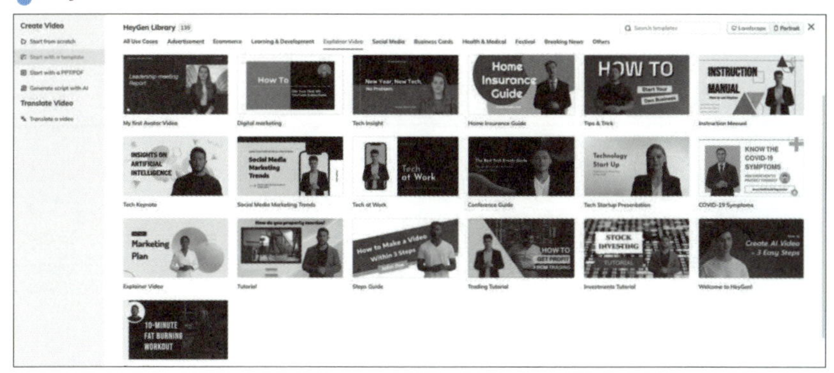

図解作成にNapkinを活用

スライドで図解が必要な場合は、図解生成AIのNapkinを使用するのがお勧めです。Napkinでは、テキストから様々な図解を提案し、選んだ図解の色をカスタマイズできます。選択した図は画像として簡単にダウンロード可能です。

https://www.napkin.ai

Napkinで生成した図

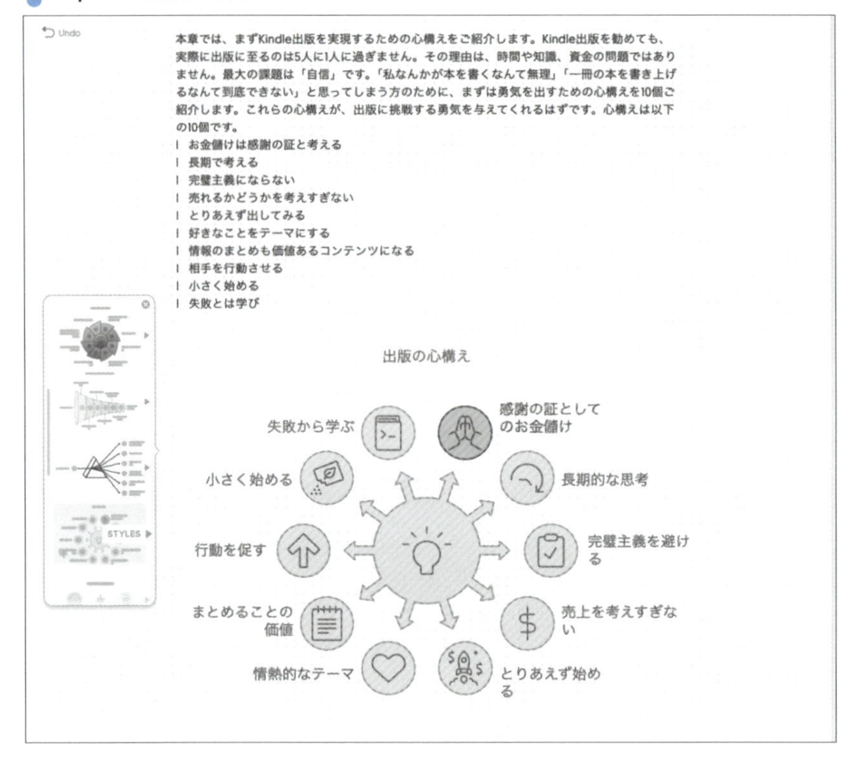

図を選択することで画像としてダウンロードできます。

このようにGoogleのNotebookLMとHeyGen、Napkinを使って電子書籍やブログから教材動画を迅速に生成できます。

教材動画に使えるその他の生成AIツール

教材動画を作成する際、スライドの作成が大きな課題となります。そこで、教材動画に適したスライド生成AIの代表例をいくつかご紹介します。

Gamma：直感的なインターフェースでスライドを作成

```
https://gamma.app/ja
```

Plus AI：GoogleSlideで使用可能な有料のAIツール

```
https://www.plusdocs.com/jp
```

エンジニア向けとしては、MarkdownでスライドをPを記述可能なSlidevやMarpが有名です。

Slidev

```
https://sli.dev/
```

Marp

```
https://marp.app/
```


8 ステップ7：教材動画の収益化

教材動画を収益化するには、複数のプラットフォームを活用する方法があります。ここでは、YouTubeとUdemyを活用した収益化の方法を説明します。

1.YouTubeでの公開

YouTubeは、広く利用されている動画プラットフォームで、教材動画の収益化に最適です。まず、YouTubeに動画を公開し、チャンネル登録者数や視聴回数を増やすことで広告収入を得ることができます。YouTubeパートナープログラムに参加することで、動画再生時に表示される広告から収益を得られるほか、スーパーチャットやメンバーシップを活用して追加の収益を生み出すことも可能です。質の高いコンテンツを定期的に更新することで、視聴者の関心を引き、収益を増やすことができます。

2.Udemyでの動画販売

Udemyは、オンラインコースを販売できるプラットフォームで、教材動画の収益化に非常に適しています。Udemyに自分のコースを登録し、適切な価格設定をすることで、動画の販売収益を得ることができます。プラットフォーム自体が広く認知されているため、集客力も高く、世界中の学習者にアプローチすることができます。コースの品質を高め、評価を集めることで、売上を伸ばしやすくなります。また、Udemyのプロモーション機能を活用すれば、自動的にセールや割引が適用され、多くのユーザーに購入してもらえる機会が増えます。

このように、YouTubeとUdemyを活用することで、教材動画を効果的に収益化することが可能です。それぞれのプラットフォームの特性を理解し、適切な戦略でコンテンツを展開していきましょう。

第6章まとめ
教材動画作成の基本を学び、収益化への道を開こう

本章では、AIツールを活用した教材動画の作成方法と、収益化のための具体的な手順を紹介しました。編集スキルがなくても、適切なツールと手順を使えば、効果的な教材動画を作成し、成功へとつなげることが可能です。これを機に、自分の知識やスキルを動画教材として提供し、収益を得る一歩を踏み出しましょう。

第7章

本章では、プログラミング知識ゼロでもノーコードAIツール「Dify」を使って簡単にChatBotを作成し、アイデアを実現する方法を解説します。

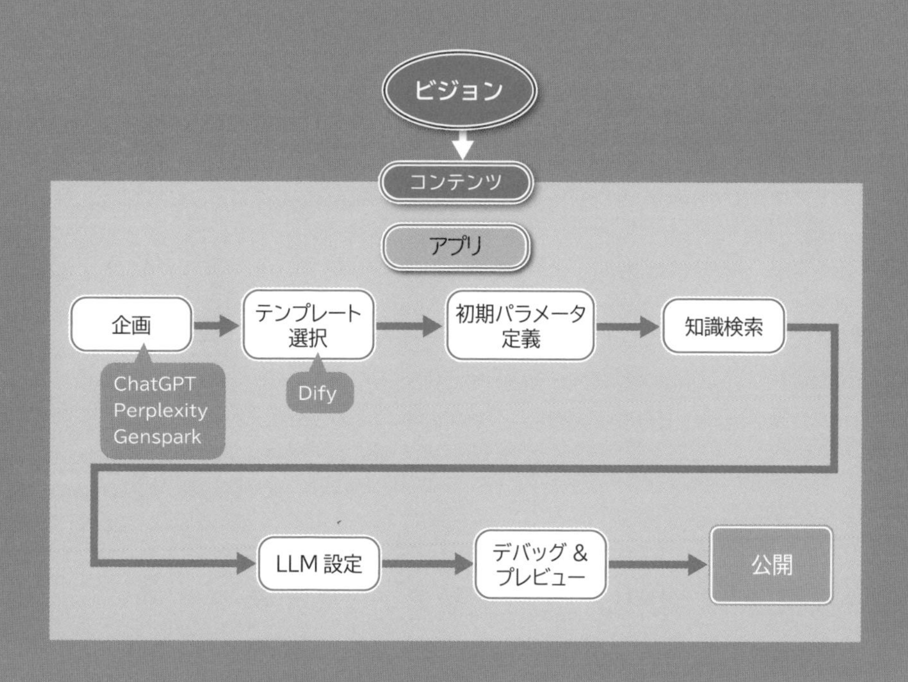

第7章

プログラミング知識ゼロでできる！AIアプリ開発編

本章では、プログラミングの知識がなくても簡単にアプリを開発できるノーコード自動化 AI ツール「Dify」を使った ChatBot 作成手順を解説します。これにより、誰でも手軽に高度なアプリケーションを開発し、アイデアを実現する方法を学べます。

1 ステップ0：アプリ開発の基礎知識を知る

アプリとは、特定の目的に応じて作られたプログラムを指します。これには、ブラウザ上で使う Web アプリ、スマートフォン上で使うスマホアプリ、PC 上で使う PC アプリなどが含まれます。これまで、アプリ開発にはプログラミングが必須とされてきましたが、近年では状況が変わりつつあります。

ノーコードツールで誰でも簡単にアプリを開発

最近では、プログラミングの知識がなくてもアプリを作成できる「ノーコードツール」と呼ばれるサービスが広がっています。これにより、技術的なハードルが下がり、より多くの人が自分のアイデアを形にできるようになりました。

生成 AI を活用して高性能なアプリを開発

さらに、生成 AI を活用することで、従来なら実現が難しかったユーザーの曖昧な入力にも対応できる高性能なアプリを、プログラミングを使わずに作れるようになっています。ここでは、ノーコード自動化AIツール「Difiy」を使って、ChatBotを作成する方法を紹介します。これにより、プログラミングの知識がなくても、複雑で高度なアプリを開発できる可能性が広がります。

Difyの料金

Difyは、利用者にさまざまな料金プランを提供しており、無料プランと有料プランがあります。

無料プランでは200メッセージまで利用可能です。無料プランの制限を超えたメッセージ数に対応する場合、有料プランに移行するか、Open AIのAPIを利用することが求められます。Open AIのAPIを利用することで、Difyのメッセージ送信能力を拡張し、より多くのメッセージを処理することが可能になります。

2 ステップ1：Difyの登録

Difyは、ノーコードでAIを利用した自動化ツールを作成できるプラットフォームです。簡単なプロンプト入力で、さまざまなAI機能を実装したアプリやボットを作成できます。

Dify

https://dify.ai/jp

［始める］をクリック

［始める］をクリックします。

Difyのトップ画面

Dify

はじめましょう！

Difyへようこそ。続行するにはログインしてください。

GitHubで続行

Googleで続行

サインアップすることで、以下に同意するものとします 利用規約 & プライバシーポリシー

GitHub アカウントか Google アカウントで登録します。

3 ステップ2：Dify でテンプレート選択

Dify でプロジェクトを作成

次のような手順で作成します。

1. Dify にログインし、新しいプロジェクトを作成します。
2. プロジェクトのテンプレートとして「ChatBot」を選択します。
3. ［テンプレートから作成］をクリックします。

ここでは、「Question Classifier + Knowledge + Chatbot」を選びます。

Difyのテンプレート

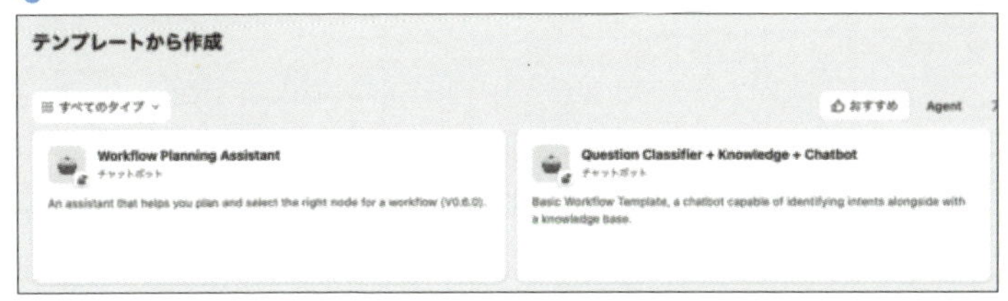

チャットボットのワークフロー

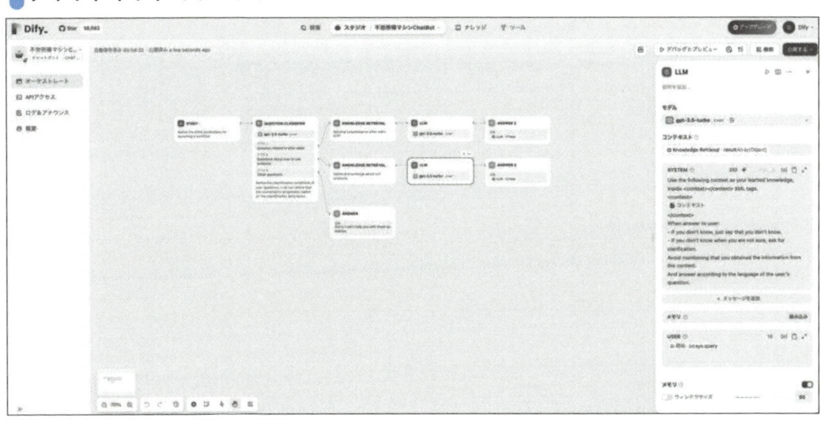

テンプレートは以下のワークフローになっています。

ChatBot の処理の流れ

- 1. 開始
- 2. 質問分類
- 3. 知識検索
- 4.LLM（大規模言語モデル）
- 5. 回答

1. 開始

ワークフローを開始するための初期パラメータを定義します。

テンプレートでは、ユーザーが質問やファイル、問い合わせIDやユーザーIDを入力する形を想定しています。

初期パラメータの定義

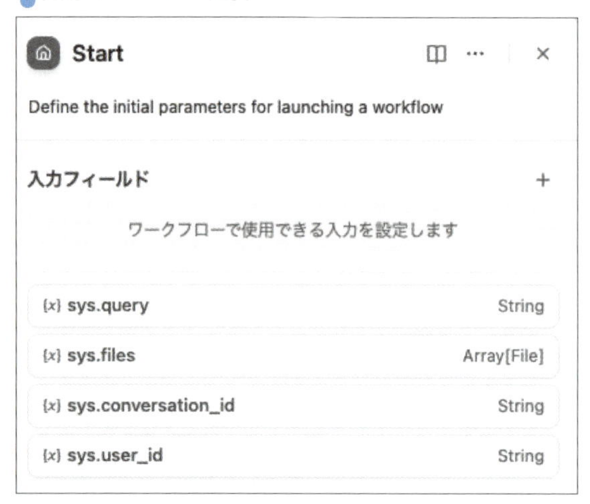

2. 質問分類

ユーザーの入力を分類します。

テンプレートではユーザーの入力を3つのクラスにわけています。

1つ目はアフターセールスに関する質問、2つ目は製品の使い方に関する質問、3つ目はその他の質問です。

それぞれに応じて次のフローに進みます。

その他の質問と分類された場合は、以下の回答を返すようになっています。

「申し訳ありませんが、これらの質問にはお答えできません」

質問の分類

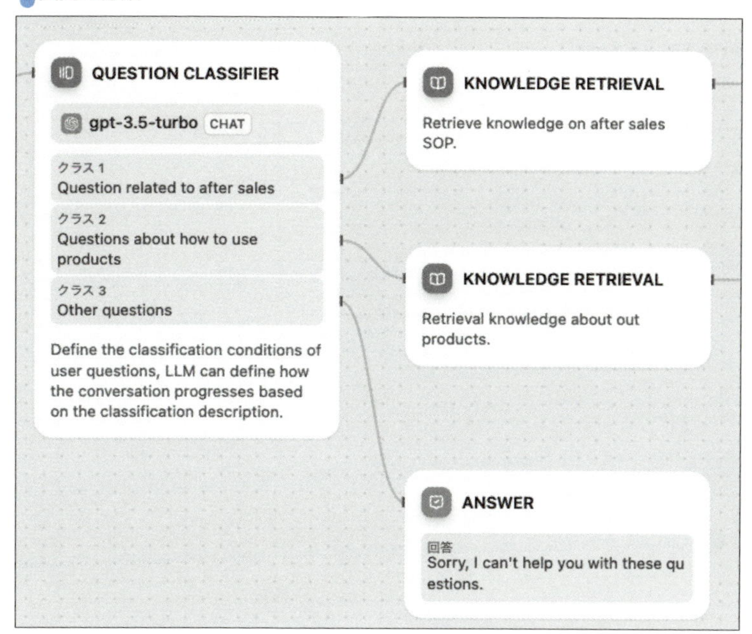

3. 知識検索

質問に応じて適切な知識を検索する仕組みです。現在、このテンプレートには知識が設定されていません。例えば、あなたのChatbotが材料を入力すると、それに基づいて料理本からレシピを出力する機能を持つ場合、その料理本の内容をここでアップロードし、ナレッジとして追加する必要があります。

知識検索

4.LLM（大規模言語モデル）

質問に回答するための大規模言語モデルとそのプロンプトが設定されています。

コンテキストには、先ほどの知識検索結果が入る形になっています。

大規模言語モデル

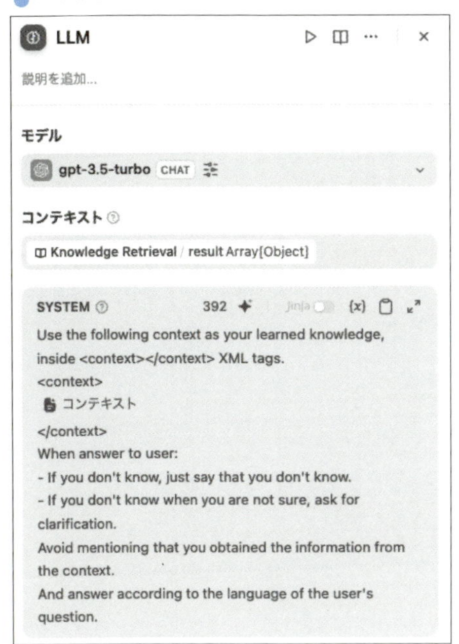

上記画面に書かれている内容は、次のようになります。これはLLMに設定されているプロンプトです。ChatGPTにプロンプトを投げているイメージです。ChatBotの回答に対して何らかの制限をかけたい場合は、このプロンプトを修正します。

以下のコンテキストを学習済みの知識として使用してください。
<context></context>のXMLタグ内に記載されています。

<context> {{#context#}} </context>

ユーザーへの回答の際には以下の点に注意してください。

- わからない場合は、わからないと伝えてください。
- 確信が持てない場合は、明確化を求めてください。

- コンテキストから情報を得たことに言及しないようにしてください。
- また、ユーザーの質問の言語に応じて回答してください。

5. 回答

LLMの回答をユーザーにテキストで返答します。

LLMの回答画面

4 ステップ3：Difyアプリを実際に動かす

デバッグとプレビューをクリックして実際にアプリを動かしてます。

デバッグとプレビュー

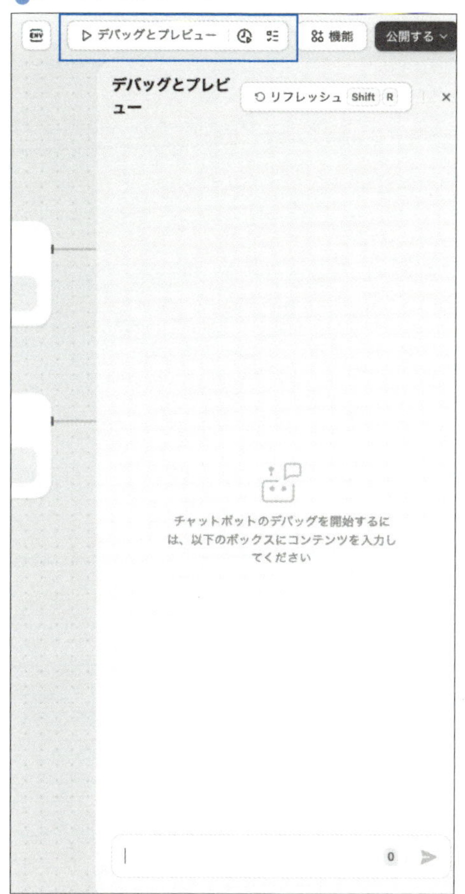

ここでは、「Please tell me how to use ChatGPT（ChatGPT の使い方を教えてください）」を入力してみます。

入力画面

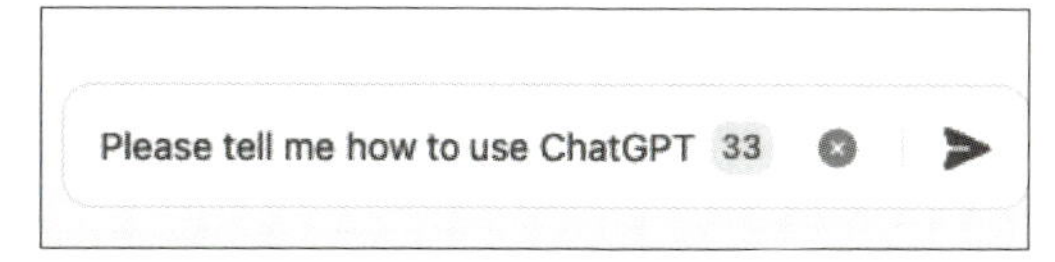

「I don't know.（わかりません）」と返ってきました。

以下の図で青に囲ってあるのが実行されたルートです。

製品の使い方を聞いたため、クラス2の処理を正常に通ったことがわかります。

実行されたワークフロー

5 ステップ4：Difyアプリを公開する

Difyでは3つの方法でユーザーにアプリを提供することができます。

アプリの公開手段

Web上でアクセス可能にする

まず、DifyのアプリはWebブラウザから直接アクセスできるように設定することが可能です。これにより、ユーザーは特定のURLを入力するだけでアプリにアクセスできます。Webアプリとして公開する利点は、ユーザーが追加のソフトウェアをインストールする必要がない点です。

サイトに埋め込む

次に、Dify アプリは既存のウェブサイトに埋め込むことができます。埋め込みコードを生成し、自分のサイトの HTML に貼り付けるだけで、サイト内でアプリを利用できるようになります。これにより、ユーザーはサイトを離れることなくアプリを使用することができます。

API 経由で使用する

さらに、Dify のアプリは API 経由で他のシステムやアプリケーションから利用することも可能です。API を利用することで、さまざまなデバイスやプラットフォームからアプリの機能を呼び出すことができ、より柔軟なアプリケーション連携が実現します。

アプリの公開は画面右上の［公開する］をクリックします。

公開画面

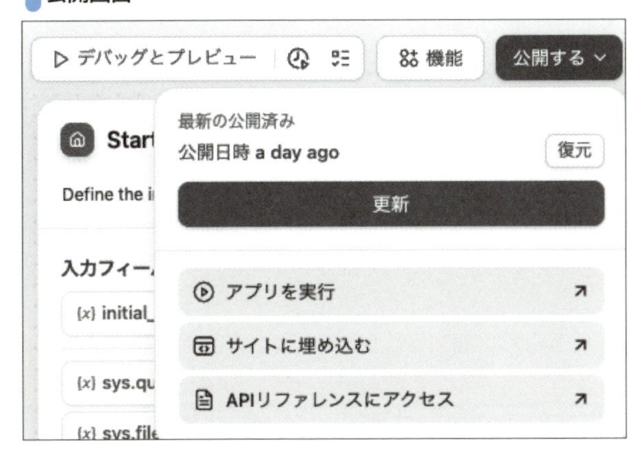

プログラミングスキルは不要になるのか？

生成 AI が普及している現在でも、プログラミングの知識はますます重要です。プログラミングスキルを持つことで、生成 AI の潜在能力を最大限に引き出し、よりクリエイティブで効率的な結果を得ることができます。生成 AI は、単なる手入力よりもプログラムからアクセスされたときにその真価を発揮し、複雑な処理や自動化を容易に実現します。

本書では、プログラミング知識がある方向けの具体的な内容は扱っていませんが、プログラミングの知識を身につけることで、AIを活用して作れるコンテンツの幅が飛躍的に広がります。興味がある方は、ぜひプログラミングの学習を検討してみてください。

例えば、「v0 by Vercel」というツールを使えば、テキスト入力からWebサービスのUIを生成できます。プログラミングの知識があれば、このツールで作成したUIに少し手を加えるだけで、すぐにWebサービスをリリースすることも可能です。こうしたスキルを習得することで、生成AIを駆使してより高度なプロジェクトに取り組めるようになります。

第7章まとめ
ノーコードで簡単！アプリ開発の第一歩を踏み出そう

本章では、ノーコードツール「Dify」を使用したChatBotの開発手順を紹介しました。プログラミングの知識がなくても、Difyを使えば複雑なアプリを手軽に作成し、公開することが可能です。今回学んだ手順を活用して、さらに多様なアプリを開発し、あなたのアイデアを形にしましょう。

第 8 章

本章では、音楽スキルゼロでも生成 AI を活用してプロ並みの楽曲を作成し、収益化する具体的な手順を解説します。

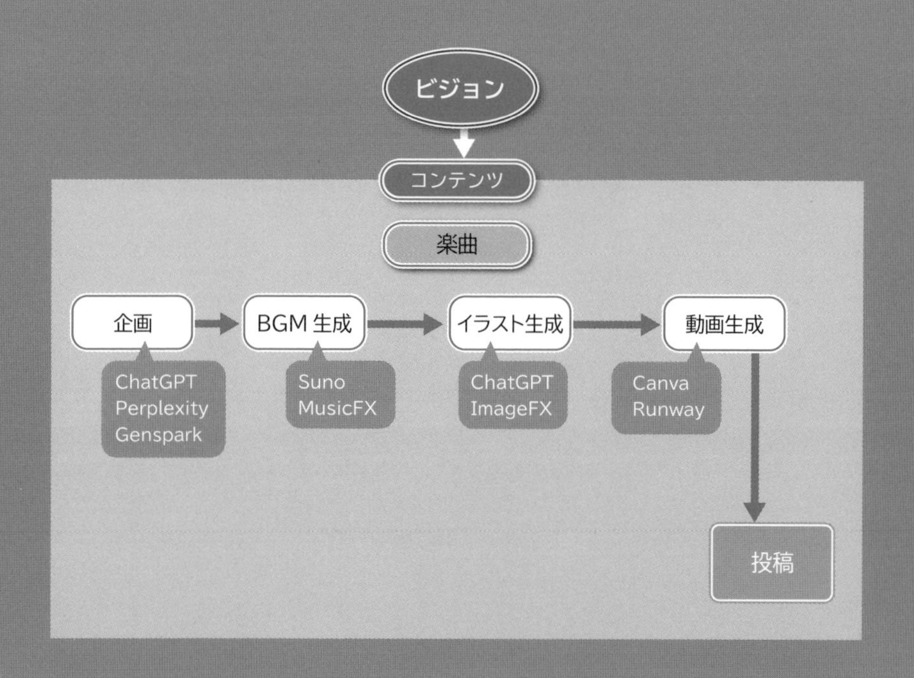

第8章

音楽スキルゼロでもできる！楽曲生成編

本章では、音楽スキルがなくても楽曲を作成し、収益化するための手順を解説します。生成AIを活用することで、プロのような音楽制作が可能になり、誰でも手軽にコンテンツを作成し、さまざまなプラットフォームで収益化を目指すことができます。

1 ステップ0：楽曲の基礎知識を知る

生成AIで楽曲を生成し、収益化するステップは、楽曲の生成、楽曲に合った画像の生成、そして画像から動画の生成の3つです。

これらのステップを踏むことで、視覚的にも魅力的なコンテンツを作り、収益化の可能性を広げられます。

楽曲生成のための代表的な生成AIツールには、SunoとGoogleのMusicFXがあります。

MusicFXでの楽曲生成画面

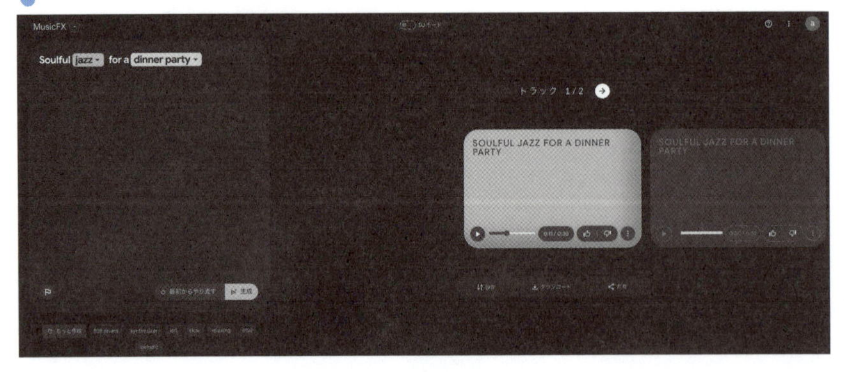

どちらのツールも、テキストを入力するだけで簡単に楽曲を作成できるため、初心者でも手軽に音楽制作を始めることが可能です。本章では楽曲生成AIの代名詞となったSunoと、動画生成AIのRunwayの使い方を説明します。

2 ステップ1：Sunoで BGM を作成する

まずは、Sunoを使ってバックグラウンドミュージック（BGM）を作成します。Sunoは、プロンプトを入力してCreateボタンを押すだけで簡単に曲を生成できるAIツールです。ただし商用利用を考える場合は、有料プランに加入する必要があります。商用利用には、YouTubeやSpotify、Apple Musicへのアップロードも含まれます。

Sunoの使い方

使い方はとても簡単です。以下の手順で楽曲を生成できます。

1. プロンプトを入力：作成したい楽曲のイメージやテーマをプロンプトに入力します。
2. Instrumentalにチェックを入れる：歌声無しのBGMを作成する場合はInstrumentalにチェックを入れます。
3. Createを押す：プロンプトを入力したら、Createボタンを押すだけで、AIが自動的に楽曲を生成します。
4. ダウンロード：生成された曲をmp3形式でダウンロードします。

Sunoの楽曲生成画面

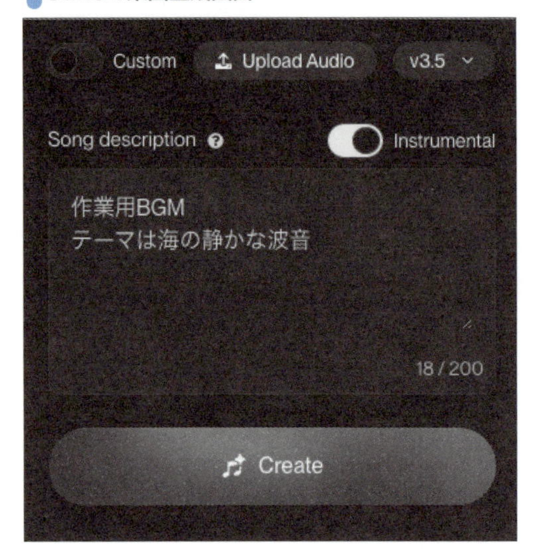

1回の入力で2曲生成されます。サムネイルの再生ボタンをクリックすると楽曲が再生されます。

生成された2曲

商用利用の定義

商用利用には、収益を生み出すあらゆる利用が含まれます。
具体的には以下のようなケースが該当します。

- YouTubeでの収益化
- SpotifyやApple Musicなどの音楽ストリーミングサービスへの曲のアップロード

・広告、映画、テレビ番組、ポッドキャストでの使用

有料プランへの加入

楽曲を商用利用したい場合は、有料プランに加入する必要があります。

3 ステップ2：ChatGPTで画像を生成する

次に、BGMを動画として投稿するために必要な画像をChatGPTで生成します。以下は、ChatGPTに画像生成を依頼する際のプロンプト例です。現在、ChatGPTでは正方形、横長、縦長の3種類の画像を出力できます。

なお、AIは手や足の描写が苦手な場合があるため、不自然な部分が見つかった場合は、修正指示を追加して調整しましょう。

8

プロンプト

あなたはプロのイラストレーターです。 以下の画像を横長：1792×1024ピクセル、アスペクト比：約1.75:1で作成してください。 画像のスタイルは、海や岩といった背景はリアリズムで、少女はかわいいイラストにしてください。 詳細は以下です。 波打ち際で大きな岩に座り、足をゆらゆらと揺らしながら遠くを見つめる少女の穏やかで詳細なイラストです。背景には、海のリアルな描写があり、穏やかな波が岸に打ち寄せ、広大な海が地平線まで広がっています。空は晴天で淡い青色と柔らかな雲が混ざり合い、落ち着いた雰囲気を演出しています。

ChatGPTで生成したイラスト

ChatGPT で画像生成がうまくいかないときのコツ

ChatGPT で画像生成を行う際、思い通りの画像が出力されないことがあります。このような場合は、できるだけ詳細に指示を伝えることが成功のカギです。

実は、ChatGPT は日本語の入力を英語のプロンプトに変換して画像を生成しています。変換されたプロンプトは、画面の i アイコンをクリックすることで確認できます。そのプロンプトを日本語に翻訳することで、ChatGPT がどのように解釈して画像を出力しているのかを理解することができます。

もし期待通りの結果が得られない場合は、プロンプトを直接英語で入力してみるのも有効です。英語の方が解釈が正確になる場合が多いため、より思い通りの画像を得やすくなります。

4 ステップ3：Runwayで動画を生成する

画像と音楽が準備できたら、次はRunwayを使って動画を生成します。Runwayは、AIを活用して簡単に動画を作成できるプラットフォームです。ここで生成した動画に、先ほど作成したBGMを組み合わせて、魅力的なBGM動画を作成します。

Runway

https://runwayml.com/

Runwayに画像をアップロードし、モーションブラシを使って動かしたい部分を選択します。動画として生成されると、選択した範囲が動的に表現されます。たとえば、波を選択すると波の部分が動くようになります。この際、人を動かすと画像が崩れやすくなるため、海や空などの背景を動かす方が、より自然で美しい動画に仕上がりやすいです。

Runwayで生成した動画は執筆時現在料金プランを問わず商用目的での利用が可能です。

8

Runwayでモーションブラシをかけた状態

5 ステップ4：Canvaで編集する

最後に、Canvaを使って動画を編集しましょう。Canvaは、直感的に操作できるデザインツールで、テキストの追加やトランジション効果の適用など、多彩な機能を使って動画をプロフェッショナルに仕上げることができます。まず、Canvaに生成した動画とBGMをアップロードします。Sunoで生成した楽曲は再生時間が短い場合があるため、楽曲を複製してつなげ、全体で30分以上になるように調整しましょう。BGMとして使用されることを考慮し、少なくとも30分の長さを確保することが重要です。

Canva

https://www.canva.com/ja_jp/

Canvaの動画編集画面

動画が完成したら、MP4形式でダウンロードし、YouTubeにアップロードしましょう。Canvaの有料版を利用すると、他のSNSに適したサイズへの自動リサイズも可能で、非常に便利です。

Canvaの自動リサイズ機能

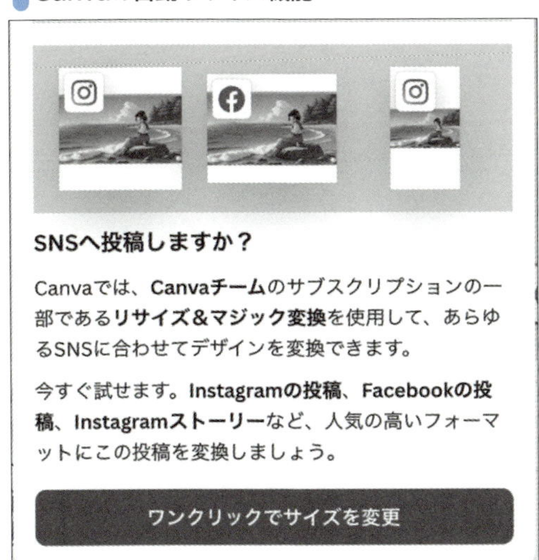

6　収益化の方法

生成した楽曲を以下のプラットフォームに投稿することで収益化が可能です。

・DistroKid

様々な音楽ストリーミングサービスへの配信をサポートします。

https://distrokid.com/ja/

・YouTube

動画に楽曲を使用し、広告収入を得ることができます。

https://www.youtube.com/

・Spotify

楽曲をアップロードし、ストリーミング収入を得ることができます。

https://open.spotify.com/intl-ja

第8章まとめ

生成AIを活用した楽曲作成と収益化のステップ

生成AIを利用すれば、音楽の専門知識がなくても高品質な楽曲を作成し、収益化することが可能です。SunoでBGMを作成し、ChatGPTで画像を生成し、Runwayで動画を作成、そしてCanvaで仕上げを行うことで、プロフェッショナルなコンテンツを作り上げることができます。これらのツールを活用して、自分だけの音楽とビジュアルを組み合わせたコンテンツを発信し、さまざまなプラットフォームで収益を得るチャンスを広げましょう。

第9章

本章では、SNSの基礎知識と具体的なステップを学び、作成した各コンテンツのファンを効果的に獲得して不労所得を目指す方法を解説します。

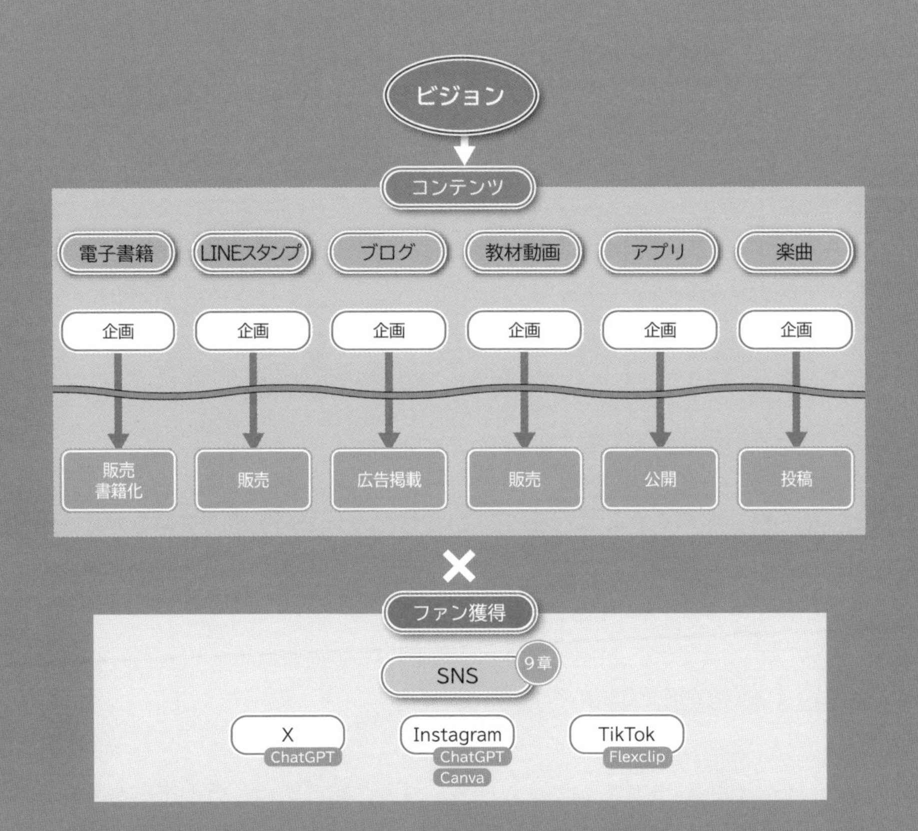

第9章

SNS知識ゼロでもできる！ファンを作るSNS編

本章では、SNSを活用してファンを作り、不労所得を目指すための基礎知識と具体的なステップについて解説します。各SNSの特徴を理解し、自分に合ったプラットフォームを選んで、効率的にコンテンツを発信する方法を学びましょう。

1 SNSの基礎知識を知る

SNSの目的は、情報発信だけでなく、あなたのファンを作り出し、彼らと強い絆を築くことにあります。ファンはあなたのコンテンツを広め、サポートしてくれる大切な存在です。彼らとのつながりを深めることで、より大きな影響力を持つことができます。

SNSが苦手な人へ、無理なく取り組むためのアドバイス

SNSが苦手な人は多いのではないでしょうか。実際、私自身もSNSが得意ではなく、スマホにはアプリを入れていませんし、アカウントをすべて削除したこともあります。「投稿しなければならない」と感じている方は、無理に続ける必要はありません。SNSには必ずしもメリットがあるわけではないからです。

SNSを有効活用するための視点

一方で、不労所得を目指す上で、SNSは有効な手段であることも事実です。自分の作ったコンテンツをより多くの人に届けたいという思いがあれ

ば、自然とSNSへの抵抗感が薄れていくかもしれません。SNSを通じて、自分のコンテンツが誰かの役に立つと考えると、投稿する意義が見えてきます。

SNSのリスクと対策を理解する

SNSには、心無いコメントや、思わぬ炎上に巻き込まれるリスクもあります。私自身、匿名のプログラミング本著者が炎上した際、その著者が私だと勘違いされ、Amazonレビューが荒らされた経験があります。この時、私はYouTubeで「このアカウントは私ではありません」と説明する動画を投稿することになりました。このように、たとえ自分に非がなくても、SNSでは攻撃対象になり得るという怖さがあります。

ネガティブな状況への対処法を持つ

こうしたリスクがある中で、嫌なコメントや冤罪で攻撃されることもあるかもしれません。しかし、自分の投稿がどこかの誰かを救うかもしれないと考え、その思いを大切にすることが重要です。また、リプライなどにイライラしたときには、心を落ち着ける手段を持つことが有効です。私の場合、筋トレやボクシングがその手段です。部屋に筋トレマシンと壁掛けボクシングマシンがあり、ストレスを感じたときには汗をかき、発散しています。

自分のペースでSNSを活用し、ポジティブな接触を続けよう

SNSでの活動は、自分のペースで無理なく進めることが重要です。心を守りながら、SNSをコンテンツを広める手段として活用しましょう。自分に合った方法で少しずつ進めることが、長期的な成果につながります。

単純接触効果を理解して、接触回数を増やす

単純接触効果とは、何度も目にしたものや耳にしたものに対して、好意

を持ちやすくなる現象です。SNSでの投稿も、この効果を活用して、長期的な視点で「JUST KEEP POSTING」を心がけ、接触回数を増やしていくことが大切です。

ポジティブな発言を心がけ、ネガティブな印象を避ける

ただし、単純接触効果には注意点があります。もしマイナスの印象を持たれてしまった場合、その印象が増幅されることがあります。そのため、できるだけポジティブな発言を心がけることが大切です。とはいえ、どんなに慎重に発信しても嫌われることは避けられない場合もあるので、そこは割り切って前向きに続けることが肝心です。

2 SNSの選び方と活用方法

各SNSプラットフォームには独自の特徴と利点があります。目的に合わせて適切なSNSを選び、効果的に活用しましょう。

本書ではX（旧Twitter)、Instagram、TikTokを解説します。

・X（旧Twitter)：

リアルタイムの情報発信に強い。短いメッセージでニュースや最新情報を素早く伝えるのに最適。

・Instagram：

ビジュアルコンテンツが中心。写真や短い動画を使ってブランドの世界観を伝えるのに適している。

・TikTok：

短い動画コンテンツで若い世代にリーチできる。エンターテインメント性が高いコンテンツが人気。

3 | Xのコンテンツを生成する

生成AIでXのコンテンツを作るには、X向けのテキストを生成AIで編集する、ブログなどの既存コンテンツからXに投稿できるコンテンツを生成する、生成AI作品をXに投稿するの3つの方法があります。どの方法でも活用できるプロンプトをご紹介します。ChatGPTは日本語の文字数を正確にカウントできないことがありますが、Pythonプログラムを使ってカウントさせると正確に計測できることを発見しました。この方法は、ChatGPTのCode Interpreter機能を利用しています。

プロンプト

あなたはプロのSNSマーケターです。 X(Twitter)に投稿する文章を生成してください。 #入力 タイトル:ChatGPTをファイルコンバーターとして利用する方法 キーワード:画像から文字起こし/テキストからCSVなど ターゲット層:AI初心者 文体:優しく丁寧 アクション:ブログ記事に誘導 #条件 関連するハッシュタグと行動を促すメッセージも含めてください 文字数を日本語の文字数をカウントするPythonプログラムを実行してカウントしてください 案の5つを表形式(案|文字数)で出力してください IF カウントした文字数が100字以内の場合 THEN 文章を追加して文字数を120文字以上140文字以内に再出力してください ELSE IF カウントした文字数が140字以上の場合 THEN 余計な文言を削って文字数を120文字以上140文字以内に再出力してください

9

4 ステップ1：Instagramのコンテツを生成する～Canvaに登録

Canvaには、デザインの一括作成機能が搭載されています。

この機能を使うことで、用意したテンプレートに対して、複数のデータを組み合わせ、コンテンツを一括生成できます。

まず［+ デザインを作成］から［Instagram投稿］を選びます。

■CanvaでInstagram投稿を選択

5 ステップ2：
デザインの土台を作成

まずは土台を作成します。

左の［素材］からフレームを選び、画像が挿入される場所を指定します。

フレームの選択

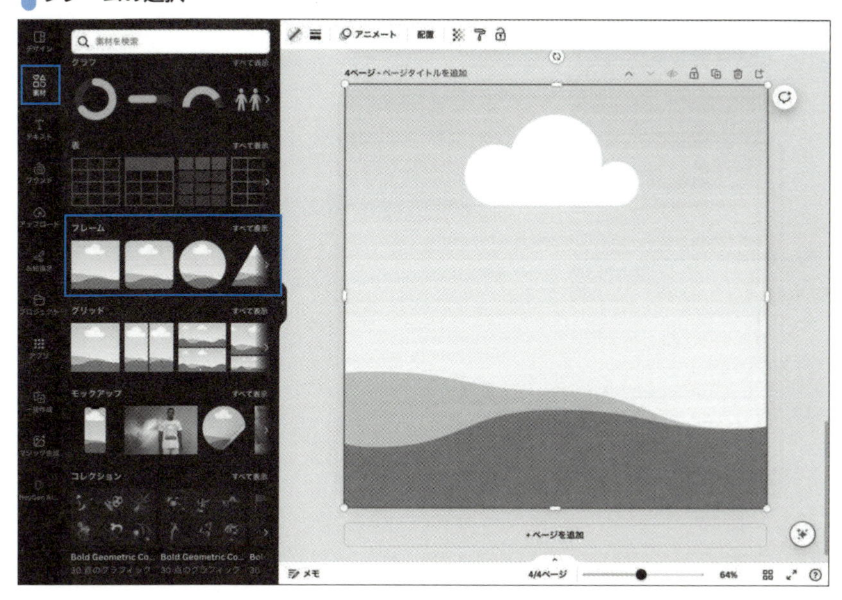

この見出しにテキストが追加されます。

9

見出しの追加

しかし画像の上にそのままテキストを置くと読みづらい場合があります。
その対策として、画像に黒い半透明の背景を付けます。
［素材］から四角形を選びます。

素材から四角形を選択

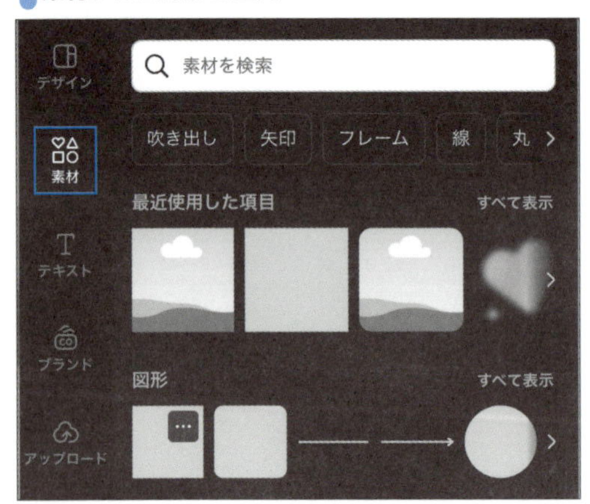

四角形の色を黒にします。

［透明度］をクリックし、画像と文字が見える50に設定します。

透明度を50に設定

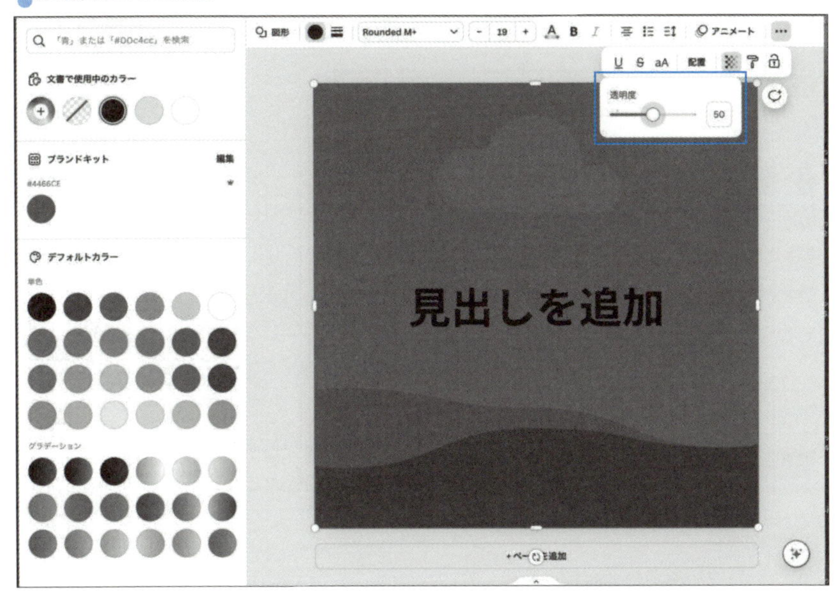

見出しのテキストを白色にします。

これで土台は完成です。

9

■見出しのテキストを白色に設定

6 ステップ3：ChatGPTで画像を生成

コンテンツを作ります。

今回は以下のブログ記事を元にして、ブログ記事を自動化する前に知っておきたい生成AIの注意点5つをコンテンツにします。

```
https://rebron.net/blog/5-things-to-know-before-automating-blog-articles-with-generative-ai/
```

ChatGPTで画像を生成します。

ChatGPTで画像を生成

画像をCanvaにアップロードします。

生成した5枚の画像をアップロード

7 ステップ4：一括作成

左側の［アプリ］というメニューから［一括作成］を選びます。

一括作成を選択

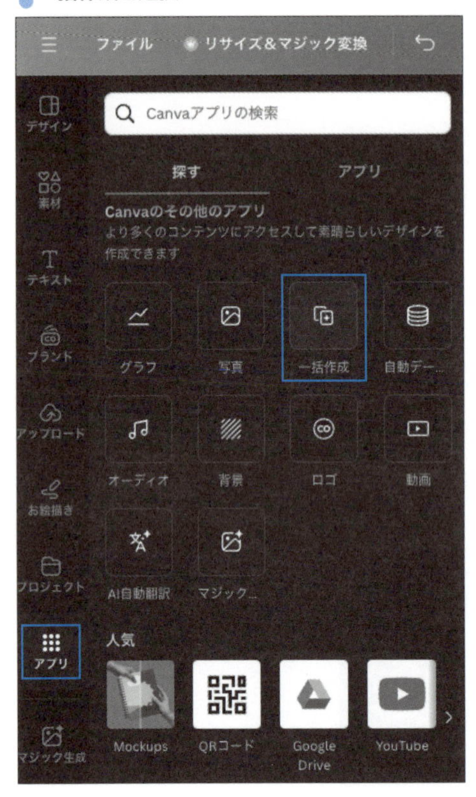

［データを手動で入力］のオプションを選びます。

データを手動で入力

表をクリアします。

クリアした表

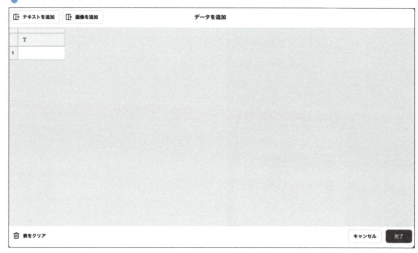

画像の列を追加します。

画像の列を追加

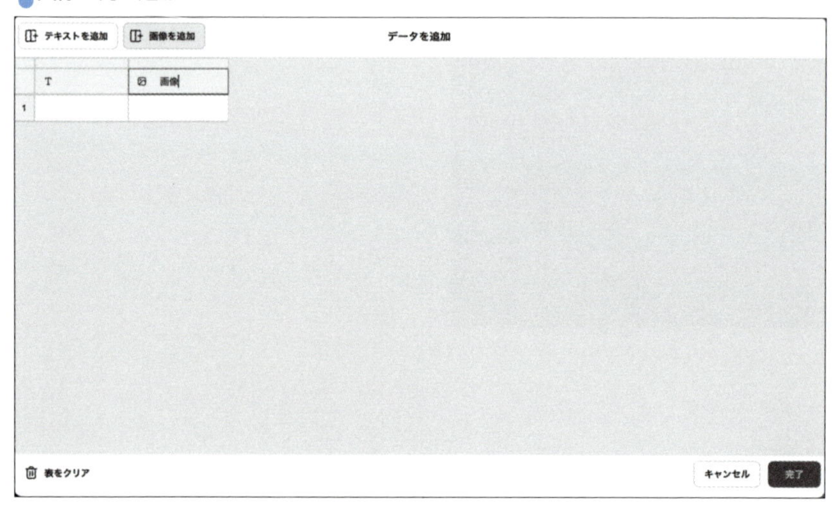

テキストを入力し、アップロードした画像を選択します。

見出しに追加するテキストを入力

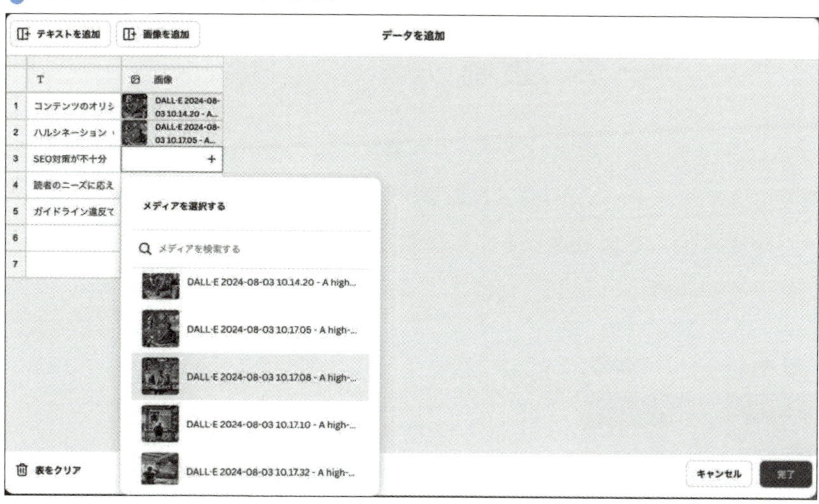

すべてを入力したら［完了］をクリックします。

5つの要素を入力し完了

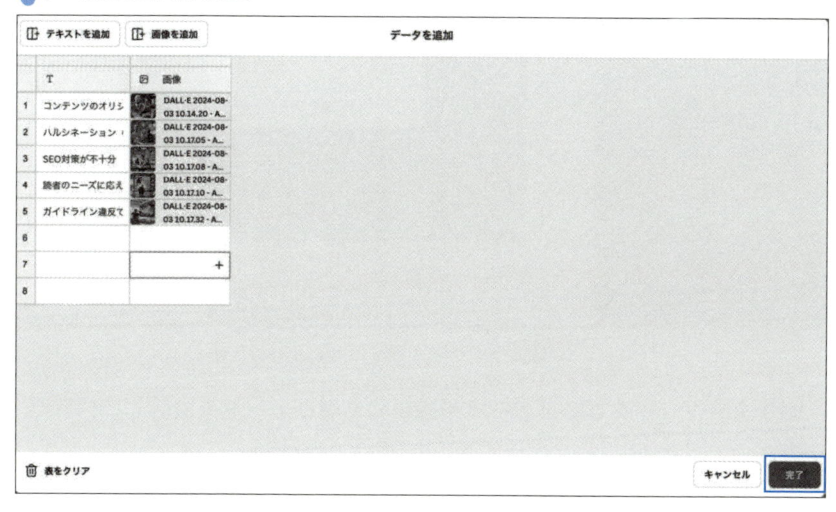

9

8 ステップ5：データの接続

ここからは、表に設定したデータを基にInstagramの投稿画像を作成していきます。イメージとしては、お菓子のクッキー型（フレーム）に生地（テキストと画像）を流し込むような作業です。見出しのテキストを選択し、「データの接続」から「T[空白1]」を選んでください。

テキストデータの接続

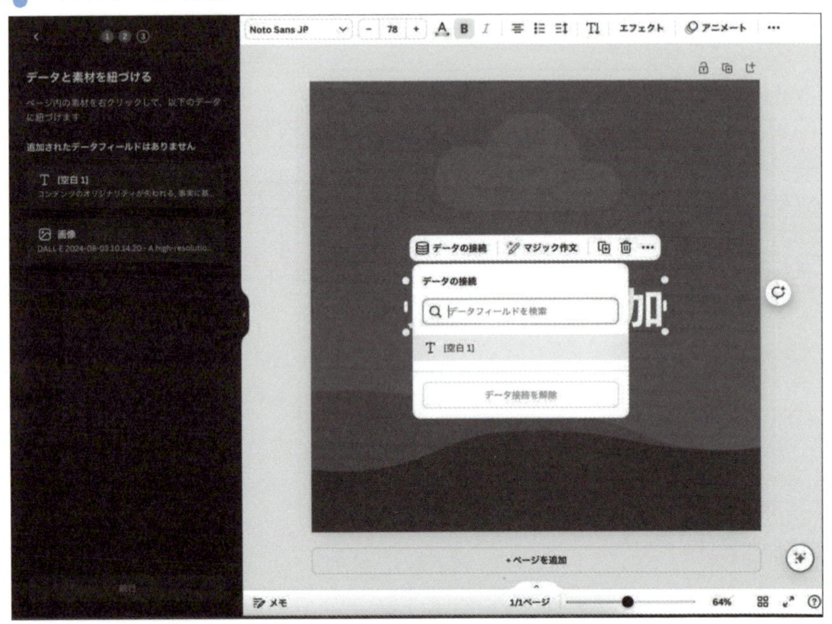

画像を右クリックして「データの接続」を選びデータを接続し、[続行]をクリックします。

「データの接続」を選びデータを接続

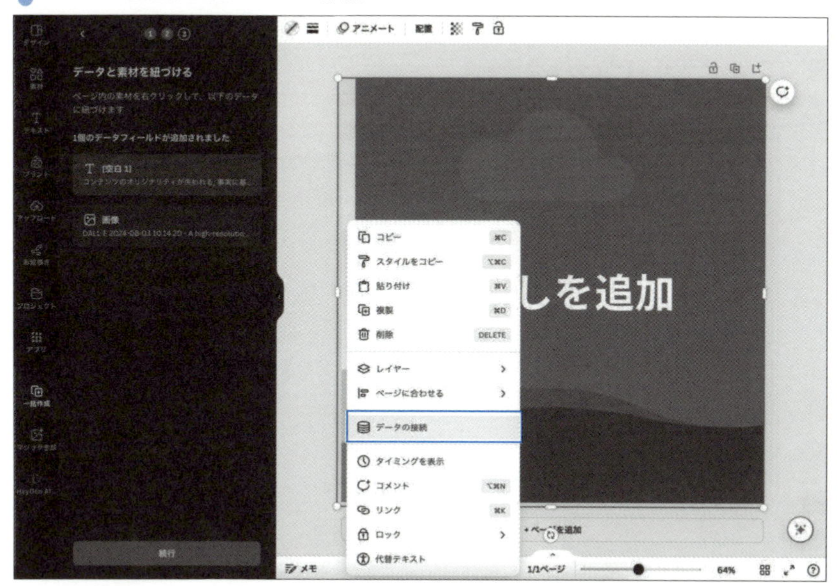

[続行]をクリック

9

［5 個のデザインを生成］をクリックします。

［5個のデザインを生成］をクリック

以下のように自動で 5 つのコンテンツが生成されました。

自動で5つのコンテンツが生成された

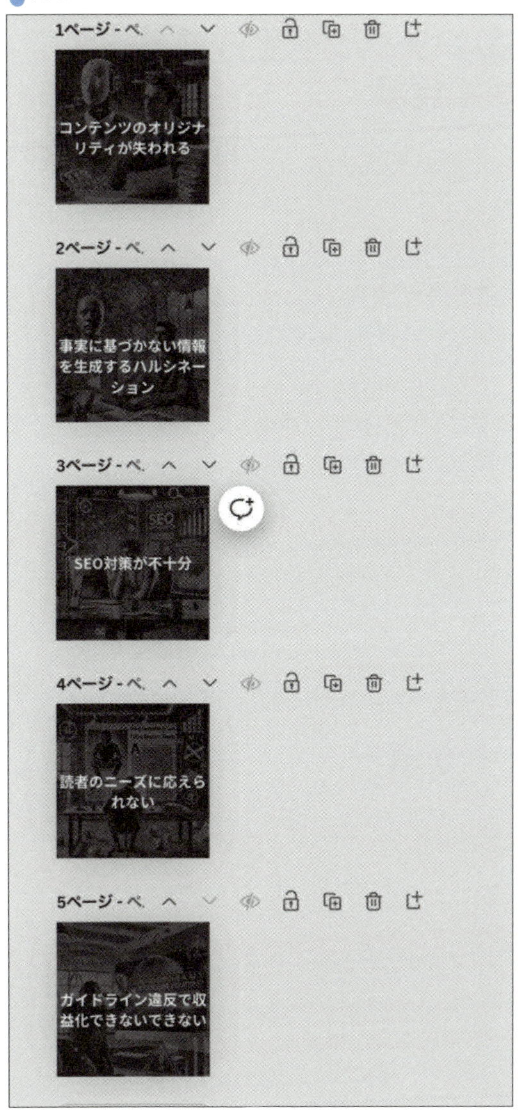

Canvaの一括作成機能を活用することで、効率的にコンテンツを作成できます。今回はシンプルな土台を使用しましたが、土台が複雑になり情報が増えるほど、その効果をより実感でき、時間と労力の大幅な節約につながります。

9 ステップ1：TikTokのコンテンツを生成する方法～Flexclipに登録

私の作成した次の動画のように、Flexclipを使って素早くTikTok用の動画を作成できます。

ChatGPTでブログ記事を書く注意点3つ

https://www.youtube.com/watch?v=tI_KQfsf21Q

まずはFlexclipに登録します。いくつかのプランがあるので確認してから登録します。

Flexclip

https://www.flexclip.com

10 ステップ2：テンプレートを選択

登録後、自分のコンテンツに合ったテンプレートを選びます。

今回は以下の画像のテンプレートを選びました。

Flexclipのテンプレート

11 ステップ3：サイズとカスタマイズ

TikTokやYouTubeショート向けには9:16のサイズを選び、[カスタマイズ] をクリックします。

[カスタマイズ]をクリック

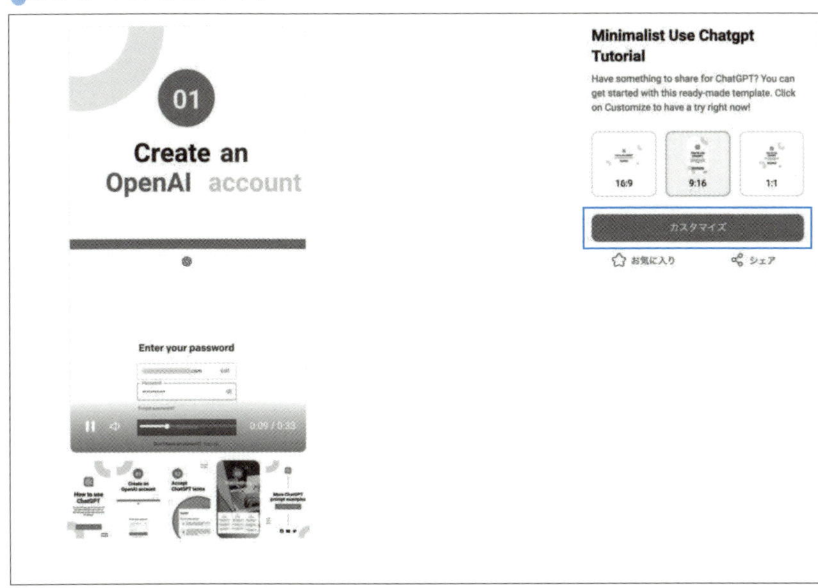

12 ステップ4：テキストの編集

動画編集画面が表示されます。

テキストをクリックして編集できます。

動画編集画面

13 ステップ5：画像のアップロード

「6　ステップ3：ChatGPTで画像を生成」で用意したChatGPTで生成した画像をアップロードします。

画像をドラッグ&ドロップで追加します。

画像を当てはめる

これで完成です。

14 ステップ6：テキスト読み上げ

テキスト読み上げを行う際は、画面左下のツールから［AI テキスト読み上げ］を選びます。

AIテキスト読み上げ機能

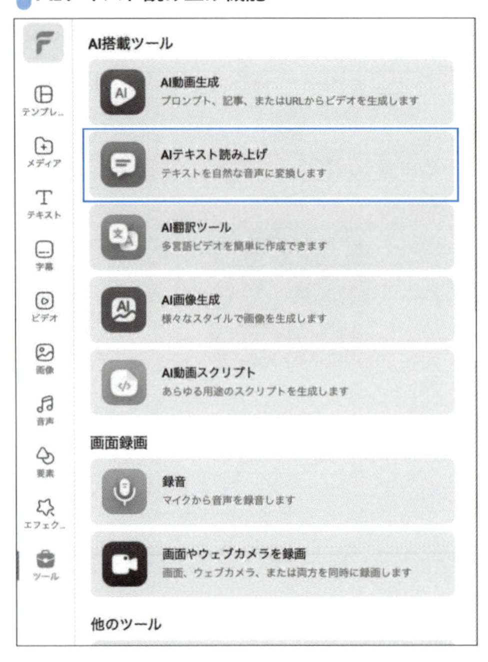

日本語は5種類のボイスが用意されています。

15 ステップ7：動画のエクスポート

エクスポートから動画を出力します。

動画はmp4形式でダウンロードできます。

YouTubeショートやTikTokにアップしたら完成です。

2回目以降はテンプレートを選ぶ必要がないため更に早く作れるはずです。

この方法を使えば、手軽に高品質な動画を作成できます！

16 SNS コンテンツを作成するための便利な AI ツール

ここでは、いくつかの主要な AI ツールを紹介します。

画像系 AI ツール：

・Stable Diffusion

画像生成 AI。高品質なビジュアルコンテンツを生成できます。

https://huggingface.co/spaces/stabilityai/stable-diffusion

・Midjourney

アートスタイルの画像生成に強みがあります。

https://www.midjourney.com/home

・にじジャーニー

日本風のイラストやデザインが得意です。

https://nijijourney.com/ja/

動画系 AI ツール：

・Gen-2,3

RunwayML が提供する動画生成 AI ツール。短い動画コンテンツを簡単に作成できます。

https://runwayml.com/

・Luma

リアルタイムで動画を生成するツールです。

```
https://lumalabs.ai/dream-machine
```

第9章まとめ

SNSを活用したファン作りの極意

SNSを活用することで、あなたのコンテンツを多くの人に届け、強いつながりを持つファンを獲得できます。本章で学んだ各SNSの特性や、生成AIを利用したコンテンツ作成の手法を駆使して、無理なく効果的に情報を発信し続けましょう。リスク管理も大切にしながら、長期的な視点でSNS活動を続けることが成功への鍵です。

第10章

第10章

人類総クリエイター社会がやってくる

AIの進化が加速する中で、私たちは「誰もがクリエイターになれる社会」の到来を迎えつつあります。これまで専門的なスキルが必要だったクリエイティブな作業が、AIの力を借りて誰でも簡単にできる時代になりました。AIが再定義する「仕事」と「分業」、そしてAIが生成する新たなコンテンツの世界では、人々の役割が変わり、創造性と遊びが主軸となる未来が見えてきます。しかし、AIにはまだ限界もあり、変化に適応するマインドセットが重要です。本章では、AIがもたらす社会の変革と、その中でどのように私たちが活躍できるかについて考察します。AIによる教育革新の可能性や、新たな学びの場「AIシェアスクール」の構想についても探っていきます。

1 AIがもたらす社会の変革

私たちは今、AI技術の進化がもたらす新たな時代の入り口に立っています。これまで専門知識やスキルが必要だったクリエイティブな作業が、AIのサポートにより誰でも簡単に行えるようになりました。その結果、かつては一部のプロフェッショナルだけが担っていた創造的な活動が、今や誰にでも開かれています。すべての人がクリエイターとなる未来が現実のものとなりつつあるのです。

2 AIが再定義する「仕事」と「分業」

現代社会は分業によって成り立っていますが、AIはこの仕組みを再定義し始めています。AIが多くの業務を担うことで、人々はより創造的な活動や趣味、関心事に時間を費やせるようになります。実際、研究によればAIは8割の仕事に影響を与える可能性があり、その影響は肉体労働よりもホワイトカラーの仕事に大きいとされています[*1]。将来、働く必要がなくなったとしたら、あなたは何をしたいでしょうか？　AIがもたらすのは、労働からの解放と新たな挑戦の自由です。

3 行動するAIの時代が来る

現在のAIは人間の質問に対して答えるだけですが、今後はAIエージェントとして自ら行動し、問題解決に必要な手順を自動で実行するようになります。マルチエージェント技術により、AIは複数の人格や役割を持ち、同時にさまざまなタスクをこなせるようになるでしょう。例えば、キーワードを入力するだけでライターAIが記事を執筆し、編集者AIが校正し、電子書籍や動画教材、SNS投稿まで自動化する未来が間近に迫っています。

4 AIが生み出す新たなコンテンツの世界

AIが生成するコンテンツが溢れる未来では、人々の仕事は欲求のリクエストや監修、評価に集中するようになるかもしれません。AIがAIを使っ

*1 GPTs are GPTs: An Early Look at the Labor Market Impact Potential of Large Language Models
https://doi.org/10.48550/arXiv.2303.10130

てコンテンツを生成し続ける時代、たとえば「週刊少年ジャンプ」が「秒刊少年ジャンプ」に変わり、スワイプするだけで漫画の新ページが次々に生成される世界が実現するかもしれません。さらには、ノーベル賞を受賞するAIが登場することも考えられます。こうした未来では、人間の「仕事」がAIが生成したコンテンツを楽しむ“遊び”に変わる可能性もあります。しかし、自分で創作する楽しみは依然として残り、趣味としての創作は今以上に豊かなものとなるでしょう。

5 モラベックのパラドックスとAIの限界

AIの進化が進む一方で、人間にとって簡単なことほどAIには難しいという「モラベックのパラドックス」と呼ばれる課題もあります。例えば、AIはデータ分析やマーケティング計画の立案には優れていますが、お茶碗にこぼさずに米を盛るといった人にとっては簡単な作業には不向きです。AIは万能ではなく、まだ多くの限界があります。

6 変化を楽しむマインドセットの重要性

未来がどう変わるにせよ、悲観する必要はありません。今は非常に面白い時代であり、変化が絶えず続いています。ダーウィンの「生き残るのは変化に最も適応したものだ」という言葉があります。この変化の中で、自分はどう生きるのか、どう活躍するのかはすべてあなた次第です。AIがもたらす新しい時代を前向きに捉え、変化を楽しむマインドセットを持つことが、これからの時代を楽しむ鍵となるでしょう。

7　AIがもたらす教育の革新と「AIシェアスクール」

私はAIの教育活用に最も関心を持っています。「AIシェアスクール」という新しい教育の形を構想しており、このサービスでは、プロフェッショナルが自分のオンライン活動（SNS、ブログ、noteなど）をAIにインプットし、そのAIを通じて必要な人々に知識や経験を提供します。AIシェアスクールは、個々のニーズに応じた授業を生成し、インタラクティブな質疑応答を行うことで、従来のオンライン授業とは異なる体験を提供します。これにより、プロは専門知識を活かして副収入を得られ、学びたい人々は自分に最適な形で知識を吸収できるのです。

以下に、AIシェアスクールの紹介動画を用意しました。AIツールを5つ活用しています。どのツールが使われているか、ぜひコメントで当ててみてください。

生成AI動画デモ「AIシェアスクール」

https://www.youtube.com/watch?v=9q8BirDGXbM

学習工学の分野で博士号を取得した際、人は間違い、そしてその間違いを認識することで学ぶことを知りました。AIを相手にするとき、人は気軽に間違うことができます。例えば、英会話を考えてみてください。英語を話せるようになるには実際に英語ネイティブとの対話が有効ですが、恥ずかしさや発音の不安、相手の時間を無駄にすることへの遠慮があります。しかしAIなら、自分の都合の良いときに、発音を気にせず、好きなだけ練習することができます。このような心理的安全性を持った学習環境は人では提供できなかったものであり、教育の未来はAIによって大きく変わると確信しています。私自身もその変革に挑戦していきたいと考えています。

8 読者特典AI（ChatGPTs）の使い方

最後に、読者特典として提供されるAIの使い方を説明します。

このAIは、本書の原稿を学習させた特別なバージョンのChatGPTです。以下のリンクからアクセスできます。

不労所得マシンの大学 - 生成AI不労所得マシン作成アシスタント -

https://chatgpt.com/g/g-qgRxJK61C-runesansuda-xue-sheng-cheng-aibu-lao-suo-de-masinzuo-cheng-asisutanto

本書読者用のChatGPT

このAIは、通常のChatGPTと同じように使用できます。

あなたの質問に答えたり、アドバイスを提供したりするだけでなく、本書の内容に特化したサポートも行います。特に、本書に関連する知識や方法論について、より深く理解したい方にとっては、非常に有用なツールです。

特定の項目を選択してそれに応じた案内を受けることができる

このAIには、特定の機能が組み込まれており、以下の4つの項目を選択すると、各テーマに沿った案内を提供します。

1. 自分の隠れた情熱を見つける質問集 - 自分の情熱や興味を見つけるための質問集を提供します。
2. 自分にあったコンテンツを見つける - あなたに最適なコンテンツを見つけるためのサポートをします。
3. 7ステップ不労所得マシン生成フレームワークを使用する - 不労所得を得るための具体的なステップを案内します。
4. 画像を生成する - あなたのコンテンツに必要な画像を生成するサポートを行います。

是非、この AI をコンテンツ生成に活用してください。

本書で学んだ知識を実践するための強力なツールとして、この AI を活用することで、より効率的に、そしてクリエイティブにコンテンツを生成することができます。

生成AI不労所得マシン作成アシスタント

おわりに：レビューにはすべて返信します

本書を手に取っていただき、最後までお読みいただきありがとうございました。ここまで、AI技術がもたらす未来と、その活用方法について詳しくお伝えしてきました。AIは、もはや一部の専門家だけが使うツールではなく、私たち全員がクリエイターとしての力を発揮できる時代を実現するものです。

本書を通じて、皆さんが新しい可能性に目を開き、AIを使って自分のアイデアや情熱を形にする手助けができたことを願っています。AIは、単なる道具ではなく、あなたのクリエイティブなパートナーです。日常の中でこのパートナーを活用し、今までにない形で自分の可能性を広げていってください。

また、本書で紹介した様々なAIツールは、日々進化を続けており、新しいツールが次々と登場しています。私も常に最新のAIツールに触れ、そのレビューを行っていますので、ぜひX（旧Twitter）をフォローしていただければと思います。そこでの情報が、あなたのクリエイティブな活動に役立つことを願っています。

さらに、皆さんからのフィードバックを大切にしています。本書に対するレビューには以下のページですべて返信いたしますので、ぜひ率直な感想や意見をお寄せください。皆さんの声を反映させることで、より良いコンテンツを提供していきたいと考えています。

URL:https://rebron.net/blog/contentlist/

最後に、技術の進化がもたらす未来に期待しつつも、その中で自分らしさを失わないことが大切です。AIがあなたのアイデアを形にし、新たなク

リエイティブな冒険をサポートする時代だからこそ、自分自身の価値観やビジョンを大切にしながら進んでいってください。

この先も、あなたのクリエイティブな旅が素晴らしいものになることを心から願っています。どうぞ、これからの未来に向けて、果敢にチャレンジし続けてください。

ありがとうございました。

謝辞

本書の生成に際し、ご協力とご助言を賜りました皆様に心より感謝申し上げます（敬称略・順不同）。

北村薫

遠藤真武

■著者紹介

北村 拓也（きたむらたくや）

博士（工学）。1992年、福島県生まれ。現在、マサチューセッツ州立大学MBA在籍中。

広島大学工学部でプログラミングに出合い、在学中に子ども向けプログラミングスクール「TechChance!」（全国20店舗以上展開）をはじめ、学習アプリ開発会社（売却）、サイバーセキュリティ教育会社などを連続起業。これまでに「U-22プログラミングコンテスト」コンピュータソフトウェア協会会長賞、「Challenge IoT Award」総務大臣賞、「CVG全国大会 経済産業大臣賞」、「人工知能学会研究会」優秀賞、文部科学省主宰の高度IT人材育成プログラム「enPiT」全国優勝など、40以上の賞を受賞。未踏事業採択。

5社の役員を務めながら、広島大学大学院工学研究科情報工学専攻学習工学研究室を飛び級で卒業し、博士号（工学）を取得。広島大学の学長特任補佐、web3関連事業や高校でアドバイザーとして活躍。現在は広島大学の特任助教として学生の起業支援に取り組んでいる。中学時代の不登校経験を活かし、教育分野でも情報発信を行う。

著書に『知識ゼロからのプログラミング学習術』（秀和システム）など10冊以上（電子書籍含む）。趣味は小説執筆とテニス。

ブログ「不労所得マシン研究所」：https://rebron.net/blog

X：https://x.com/KitatakuAI

索引

五十音

●カバーデザイン
mammoth.

知識ゼロからの生成AIを活用した不労所得マシンの作り方

発行日　2024年 10月 27日　第1版第1刷
　　　　2025年　5月 23日　第1版第4刷

著　者　北村　拓也

発行者　斉藤　和邦
発行所　株式会社　秀和システム
〒135-0016
東京都江東区東陽2-4-2　新宮ビル2F
Tel 03-6264-3105（販売）Fax 03-6264-3094
印刷所　三松堂印刷株式会社　Printed in Japan

ISBN978-4-7980-7364-4 C3055

定価はカバーに表示してあります。
乱丁本・落丁本はお取りかえいたします。
本書に関するご質問については、ご質問の内容と住所、氏名、電話番号を明記のうえ、当社編集部宛FAXまたは書面にてお送りください。お電話によるご質問は受け付けておりませんのであらかじめご了承ください。